A. LIPP
LEHRBUCH DER CHEMIE UND MINERALOGIE

I. TEIL:
FÜR DIE MITTELSTUFE HÖHERER LEHRANSTALTEN

BEARBEITET VON

Dr. J. REITINGER
OBERSTUDIENDIREKTOR AN DER
OBERREALSCHULE AMBERG

ZWÖLFTE, VERBESSERTE AUFLAGE

MIT 109 ABBILDUNGEN

1928

SPRINGER FACHMEDIEN WIESBADEN

ISBN 978-3-663-15321-4   ISBN 978-3-663-15889-9 (eBook)
DOI 10.1007/978-3-663-15889-9

Vorwort zur elften Auflage.

Die Forderungen des neuen Chemielehrplans machten verschiedene Änderungen der Unterstufe notwendig. In der Einleitung wurden einige Abschnitte den grundlegenden Begriffen Reinstoff, Gemenge, wesentliche Eigenschaften, physikalische Trennungsverfahren der Stoffe gewidmet. Die Elemente Brom, Jod, Fluor, Arsen, Antimon fanden keine Aufnahme mehr; sie werden künftig in der Oberstufe erscheinen. Den Wünschen der Kritik entsprechend, wurde der Stoff an manchen Stellen einfacher gestaltet. Im ganzen blieb die Anlage auch in dieser neuen Auflage ungeändert.

Amberg, im März 1927.

J. Reitinger.

Vorwort zur zwölften Auflage.

In dieser schon nach Jahresfrist notwendig gewordenen Neuauflage wurden nur geringfügige Änderungen vorgenommen. Die Zusammenstellung der allgemeinen Eigenschaften der Metalle wurde weggelassen; das wichtigste davon ist bei den einzelnen Metallen erwähnt. Trotz gewisser Bedenken konnte auf die Einführung der Begriffe Molargewicht und Molarvolumen sowie der Regel von Avogadro doch nicht verzichtet werden; sie ermöglichen eine einfache Begründung der Formeln aller gasförmigen Verbindungen und gehören zu den Grundlagen der Chemie.

Aus dem raschen Absatz der letzten Auflage darf wohl geschlossen werden, daß der Leitfaden den Anforderungen entspricht. Der Liebenswürdigkeit des Herrn Prof. Schnell verdankt auch diese Auflage wieder einige Verbesserungen. Herr Prof. Holzapfel half bei der Durchsicht der Abzüge. Den beiden Herren sowie allen, die durch freundliche Vorschläge zur Verbesserung des Buches beigetragen haben, sei auch an dieser Stelle gedankt.

Amberg, im Juli 1928.

J. Reitinger.

a*

Inhaltsübersicht.

Kein Wesen kann zu nichts zerfallen,
Das Ew'ge regt sich fort in allem.
Goethe.

§ 1. Körper und Stoffe.

Bei der Untersuchung und Verwendung der Gegenstände unserer Umgebung beachten wir nicht allein deren äußere Gestalt, sondern legen auch Wert darauf zu ermitteln, woraus sie bestehen, d. h. wir fragen nach dem Stoff.

Unter Stoff (Materie oder Substanz) verstehen wir allgemein alles, was einen Raum einnimmt und ein Gewicht besitzt. Einen begrenzten Teil eines Stoffes heißen wir Körper. Schwefel, Marmor, Glas sind Stoffe; eine Schwefelstange, ein Marmorblock, ein Trinkglas sind Körper. Das Volumen ist die Größe des von einem Körper ausgefüllten Raumes; die Beschaffenheit der Begrenzung eines Körpers bestimmt seine Form oder Gestalt. Die aus Zellen aufgebauten Körper der Pflanzen und Tiere nennt man — im Hinblick auf ihre bestimmte Lebensverrichtungen ausübenden Organe — organische Gebilde oder Organismen; ihnen stellt man die übrige Welt als das Reich der unorganischen Naturkörper gegenüber.

§ 2. Von den Eigenschaften.

Feste Stoffe. 1. Aus den großen deutschen Salzlagern wird Steinsalz teils in trüben, grau bis rot gefärbten Massen, teils in farblosen, durchsichtigen Stücken gefördert.

Beim Zerschlagen solcher Stücke erhält man kleine Quader, deren völlig ebene Flächen sich unter rechten Winkeln schneiden. Die glatten Flächen lassen sich mit dem Rande einer Kupfermünze, sogar durch einen kräftigen Druck mit dem Fingernagel ritzen. Auf die Zunge gebracht, rufen die Stückchen einen rein salzigen Geschmack hervor.

Die würfelige Spaltbarkeit, die geringe Härte und der salzige Geschmack sind Kennzeichen des Steinsalzes; während seine wechselnde Färbung nicht zu seinem Wesen gehört.

2. Schwefel kommt in Gestalt zylindrischer Stangen von eigentümlichem, fettigem Glanz und gelber Farbe in den Handel.

Er läßt sich leicht zu einem gelben, geschmack- und geruchlosen Pulver zerstoßen.

Erwärmt man ihn im Proberohr (= Reagenzglas, Abb. 1) über kleiner Flamme gelinde, so schmilzt er zu einer bernsteingelben Flüssigkeit.

Beim Erkalten erstarrt die Schmelze unter Bildung feiner Kriställchen. Das läßt sich schön beobachten, wenn man in einem irdenen Tiegel geschmolzenen Schwefel so weit erkalten läßt, bis sich eine feste Decke gebildet hat, dann diese durchstößt und den noch flüssig gebliebenen

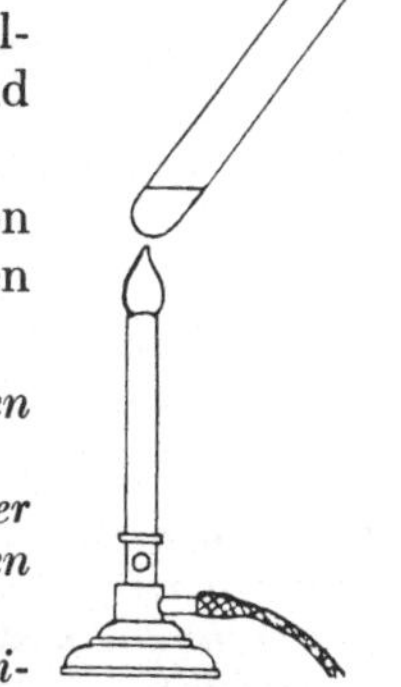

Abb. 1.
Schmelzen und
Verdampfen.

Teil des Schwefels ausgießt; von der Wandung, wo die Abkühlung zuerst eintritt, ragt ein Gewirr dünner Kristallnadeln in den Tiegelhohlraum (Abb. 2).

Wird Schwefel über seinen Schmelzpunkt erhitzt, so färbt er sich dunkel und gerät schließlich ins Sieden, wobei ein brauner Dampf entsteht. Beim Erkalten durchläuft der Schwefel rückwärts die Stufen vom dampfförmigen durch den geschmolzenen in den festen Zustand; dabei wird auch die Farbe wieder heller; allmählich kehrt er in seinen ursprünglichen Zustand zurück.

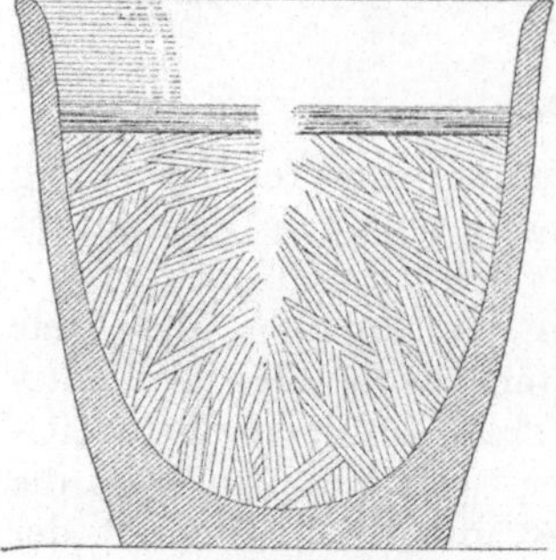

Abb. 2.
Kristallisation des Schwefels.

Auf einem Porzellanscherben erhitzt, verbrennt Schwefel mit blauer Flamme unter Entwicklung eines stechenden Geruches.

Die gelbe Farbe, der Wachsglanz, die Sprödigkeit, Schmelz- und Verdampfbarkeit, die Verbrennbarkeit sowie die Fähigkeit aus dem Schmelzfluß zu kristallisieren sind kennzeichnende Eigenschaften des Schwefels.

3. Zur Bereitung wichtiger Heilmittel kommt Jod in schwarzen, undurchsichtigen, metallisch glänzenden Blättchen von eigentümlichem durchdringendem Geruch in den Handel.

Wird Jod erhitzt, so geht es in einen veilchenfarbenen Dampf über; beim Erkalten bedeckt sich das Glas innen mit glänzenden Jodkriställchen.

Die dunkle Farbe und der Metallglanz, der Geruch, die Flüchtigkeit und die violette Farbe seines Dampfes sind Kennzeichen des Jodes.

Flüssige Stoffe. *Prüfe den Geschmack von destilliertem Wasser; verdampfe einige ccm auf einem reinen Uhrglas!*

Die wichtigste aller Flüssigkeiten ist das Wasser. In den chemischen Laboratorien und Apotheken braucht man reines, von fremden Stoffen freies Wasser. Dieses wird nach seiner Herstellung als destilliertes Wasser bezeichnet (§ 4). Es ist farblos und ohne Geschmack. Zu seinen Kennzeichen gehört, daß es bei 0° gefriert und unter normalem Luftdruck bei 100° siedet. Beim Verdampfen hinterläßt es keinen Rückstand.

Bringe mittels eines Glasstabes je einen Tropfen Essig, Zitronensaft, Salzsäure auf die Zunge! Prüfe das Verhalten der drei Flüssigkeiten zu blauem Lackmuswasser!

Eine wichtige Stoffgruppe umfaßt Flüssigkeiten mit saurem Geschmack. Dazu gehören außer Essig und Zitronensaft die verschiedenen vom Chemiker benützten Säuren. Neben dem sauren Geschmack haben die sauren Flüssigkeiten die Fähigkeit gemeinsam, gewisse Pflanzenfarbstoffe in bestimmter Weise zu verändern. Die Farbe des Blaukohls und noch deutlicher der blaue Farbstoff der Lackmusflechte werden durch sie gerötet. Diese Veränderung ist so auffällig, daß man das Verhalten des Lackmusfarbstoffes zur Erkennung der sauren Beschaffenheit einer Flüssigkeit verwendet.

Gasförmige Stoffe. 1. *Bläst man Luft durch eine Glasröhre unter einen mit Wasser gefüllten mit der Öffnung eingetauchten Glaszylinder, so sieht man sie in Blasen aufsteigen und allmählich das Wasser verdrängen (Abb. 3). Wird ein mit Hahn versehener Literkolben, aus dem man Luft herausgesaugt hat, auf der Waage genau tariert, so beobachtet man beim Öffnen des Hahnes eine Gewichtszunahme.*

Die allgemeinen Eigenschaften aller Stoffe, Raumeinnahme und Gewicht, kommen auch der Luft zu; daher ist auch die Luft ein Stoff. Wir sagen heute:

Die Luft ist ein farb- und geruchloses **Gas**. Als wichtigste Eigenschaft schätzen wir an ihr die Fähigkeit, die Atmung und Verbrennung zu unterhalten.

2. Seit langem kennt man ein Gas, welches mit gewissen Sprudelquellen (Sauerbrunnen) und an manchen Orten unmittelbar der Erde entströmt. Man verwendet es zur Herstellung von künstlichem Selterswasser.

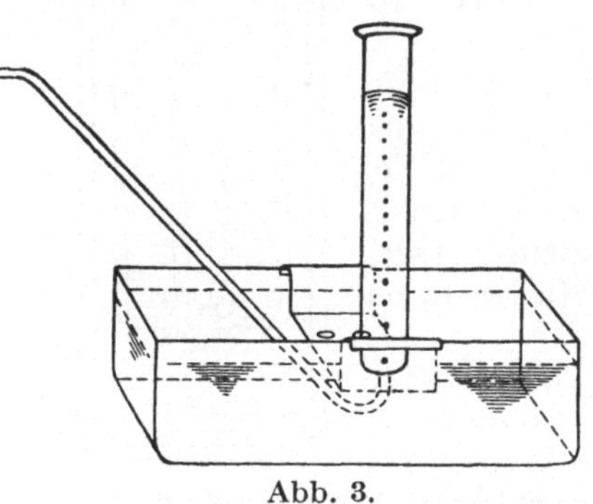

Abb. 3.
Auffangen von Luft über Wasser.

Abb. 4.
Kohlensäure-
gas aus
Selterswasser.

Setzt man auf die Mündung einer Flasche mit Selterswasser unmittelbar nach dem Öffnen, wie Abb. 4 veranschaulicht, einen kleinen Zylinder und führt in diesen einen brennenden Span ein, so erlischt dieser zunächst am Boden, bei mehrmaliger Wiederholung schon an der Mündung des Zylinders. Neigt man nun das Rohr mit der Mündung über eine Kerzenflamme, so wird diese auf die Seite gedrückt und erlischt.

Das Gas führt den Namen **Kohlensäuregas**. Es ist farblos wie die Luft, aber schwerer als diese und unterhält die Atmung und Verbrennung nicht.

Zusammenfassung. Die Erfahrung lehrt, daß zur Erkennung der Stoffe die Feststellung einer kleinen Anzahl von Eigenschaften ausreicht. Hierfür kommen jedoch nur jene Eigenschaften in Betracht, welche ihm allein eigen sind, durch die er sich also von allen anderen Stoffen unterscheidet. Diese Kennzeichen nennen wir seine **wesentlichen Eigenschaften**. Solche sind z. B. Kristallform, Härte, Eigengewicht, Schmelz- und Siedepunkt, Geruch und Geschmack sowie das Verhalten zu anderen Stoffen. Durch die genaue Feststellung der Eigenschaften erkennen wir auch, ob der zu bestimmende Stoff rein ist oder ob ihm andere Stoffe beigemischt sind.

Aufgaben: 1. Wodurch unterscheidet sich ein Steinsalzkristall von einem Würfel aus farblosem Glas? — 2. Wie würdest du eine Schwefelstange von einer gelb gefärbten Gipsstange unterscheiden? — 3. Wie ließe sich eine Fälschung von Jod durch ähnlich aussehende Graphitschüppchen feststellen? 4. Welche Kennzeichen benützest du zur Unterscheidung von Wasser und Salzsäure? — 5. Wie würdest du Kohlensäuregas von Luft unterscheiden?

§ 3. Stoffgemenge und Reinstoffe.

1. Verreibt man etwa 2 g Eisenpulver mit 1 g Schwefel recht innig, so erhält man ein graugrünes Pulver, das dem unbewaffneten Auge gleichteilig erscheint. Unter dem Vergrößerungsglas erkennt man jedoch die beiden Stoffe nebeneinander; bei längerem schwachen Schütteln im Rohr tritt teilweise Entmischung ein; mit dem Magneten kann man die Eisenteilchen herausziehen. Durch Schlämmen mit Wasser läßt sich der leichtere Schwefel von dem schwereren Eisen trennen.

1*

Das durch Verreiben von Eisen mit Schwefel erhaltene Pulver stellt ein **Gemenge** dar. Es kann auf mechanischem Wege in seine Bestandteile zerlegt werden.

2. a) Trübes Flußwasser ist kein einheitlicher Stoff, sondern ein Gemenge aus einem flüssigen und darin schwebenden festen Stoffen. Ein solches Gemenge bezeichnet man als **Aufschwemmung** oder **Suspension**.

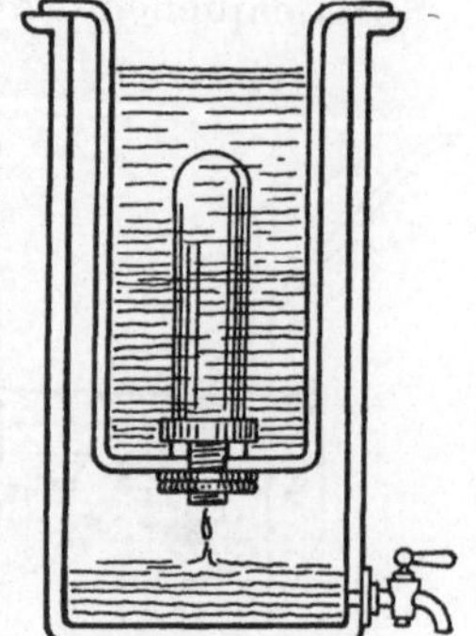

Abb. 6.
Berkefeld-Filter.

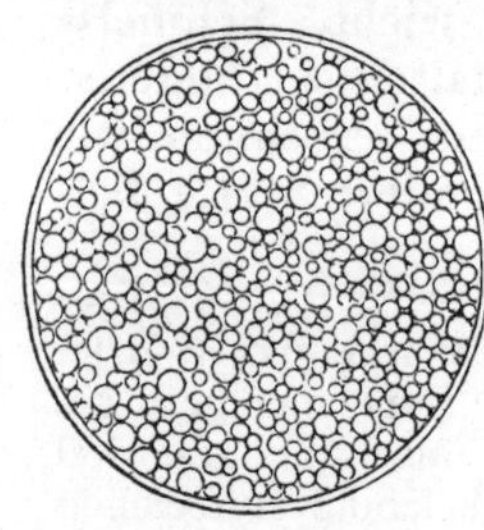

Abb. 5.
Filtrieren.

Die Trennung eines flüssigen Stoffes von einem darin verteilten festen Stoff spielt in der Technik wie im Haushalt oft eine wichtige Rolle. Zur Gewinnung von Stärkemehl zerreibt man Kartoffeln unter ausfließendem Wasser; aus der Trübe erhält man die Stärke durch langsames Absitzenlassen.

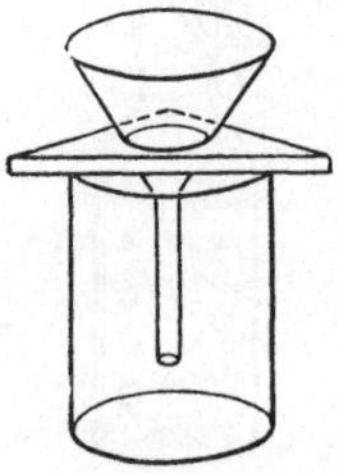

Zur raschen Scheidung aufgeschwemmter Stoffe von Flüssigkeiten **filtriert** man diese. Im Laboratorium verwendet man dazu Glastrichter und ungeleimtes Papier (Abb. 5). Städte, welche ihr Trinkwasser Flüssen entnehmen, reinigen dieses im großen durch Filter aus Sand und Kies, im kleinen durch poröse, mit gebrannter Kieselgur gefüllte Tonzylinder (Abb. 6).

b) *Schüttelt man einige Tropfen Öl in einem Probeglas mit Wasser, so erhält man eine milchig trübe Flüssigkeit, die sich beim ruhigen Stehen langsam wieder entmischt. Betrachtet man einen Tropfen Milch unter dem Mikroskop, so sieht man winzige Fettkügelchen, die in der wässerigen Flüssigkeit verteilt sind (Abb. 7).*

Gemenge von Wasser mit öligen Stoffen, welche in feinsten Tröpfchen verteilt in der Flüssigkeit schweben, nennt man **Emulsionen**. Das bekannteste Beispiel hierfür ist die **Milch**. Bei längerem Stehen entmischen sich die Emulsionen. Mit Hilfe eines Scheidetrichters (Abb. 8) können die beiden Flüssigkeiten nach der Entmischung voneinander getrennt werden.

In der Natur begegnen wir selten reinen Stoffen. Selbst die kristallisierten Mineralien sind nicht immer rein. Wissenschaft und Technik stellen oft große Ansprüche hinsichtlich der Reinheit der von ihnen verwendeten Stoffe. Deshalb werden immer neue Verfahren zur Trennung eines Gemenges in seine Bestandteile ausgearbeitet.

Abb. 7.
Mikroskop. Bild
der Vollmilch.

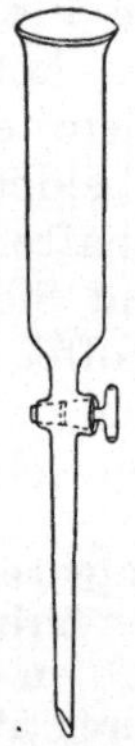

Abb. 8.
Scheidetrichter.

§ 4. Lösungen.

Auflösung. *Bringen wir reines Steinsalz oder etwas Speisesalz in ein Becherglas mit Wasser, so verschwindet nach einigem Umrühren das Salz vor unseren Blicken. Auch mit dem Mikroskop vermögen wir keine Salzkörnchen mehr zu erkennen. Jeder Tropfen der Flüssigkeit schmeckt aber jetzt salzig.*

Die Auflösung eines Stoffes besteht in seiner Verteilung im Lösungsmittel unter die Grenze der Sichtbarkeit der einzelnen Teilchen. Die Lösung stellt ein gleichteiliges Gemisch des gelösten Stoffes mit dem Lösungsmittel dar.

Läßt man ein Stückchen Kupfervitriol wie in Abb. 9 in Wasser eintauchen, so sieht man alsbald blaue Schlieren herabsinken. Die Auflösung erfolgt auf diese Weise ziemlich rasch. Man erhält eine blaue Lösung.

In ähnlicher Weise gibt Jod in Alkohol eine braune Lösung.

Überschichtet man ein Stückchen Kupfervitriol mit Wasser und läßt die Flüssigkeit ruhig stehen, so bildet sich zunächst um den Kristall eine schwere Lösung, welche gegen das reine Wasser deutlich, wenn auch unscharf abgegrenzt ist. Nach längerer Zeit ist aber die Grenze verschwunden; der Vitriol hat sich ohne unser Zutun, sogar entgegen der Schwerkraft im Wasser ausgebreitet.

‖ Die Ausbreitung des sich lösenden Stoffes im Lösungsmittel heißt Diffusion.

Die Auflösung wird beschleunigt durch Bewegung der Flüssigkeit, wodurch immer neue Teilchen des Lösungsmittels mit dem zu lösenden Stoff in Berührung kommen, ebenso durch Zerkleinern des letzteren, wodurch die Berührungsfläche zwischen ihm und der Flüssigkeit vergrößert wird.

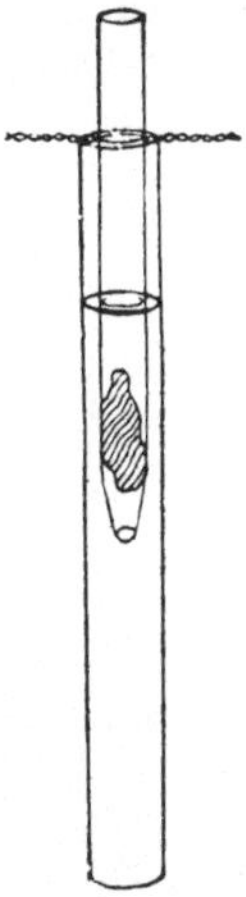

Abb. 9.
Auflösung.

Löst man tonhaltiges Salz in Wasser, so bleibt die tonige Beimengung ungelöst und kann durch Filtrieren entfernt werden.

Die Auflösung ist ein Mittel, um schwer- oder unlösliche Stoffe von leichtlöslichen zu trennen.

Fügen wir zu unserer Salzlösung unter Umrühren nach und nach weitere Salzmengen hinzu, so wird bald ein Punkt eintreten, wo trotz fortgesetzten Rührens keine Lösung mehr stattfindet.

‖ Eine bestimmte Menge Wasser kann von einem Stoff nur eine begrenzte Menge auflösen. Ist dieser Zustand erreicht, dann ist die Lösung gesättigt.

Schüttelt man Wasser mit Alkohol oder Glyzerin, so erhält man ebenfalls gleichteilige Flüssigkeiten.

Auch verschiedene Flüssigkeiten lösen sich gegenseitig; man sagt, daß sie sich mischen.

Füllt man eine Flasche etwa zur Hälfte mit Wasser und den Rest mit Kohlensäuregas, verschließt dann mit einem Stopfen und verbindet das Gefäß mit einem Manometer (Abb. 10), so steigt nach einigem Schütteln das Quecksilber des Manometers in dem mit der Flasche verbundenen Schenkel bis zu einer gewissen Höhe.

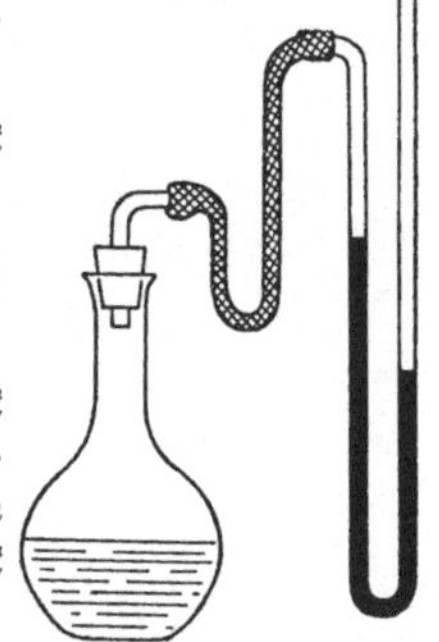

Abb. 10.
Wasser löst Kohlensäuregas.

Beim Öffnen einer frischen Selterswasserflasche entweicht eine Menge Kohlensäuregas, das vorher unter höherem Druck gelöst war; durch Ansaugen kann noch mehr Gas aus der Lösung geholt werden.

Erwärmt man frisches Leitungswasser gelinde, so treten alsbald Luftbläschen an der Wand des Glases auf.

‖ Das Wasser ist auch ein Lösungsmittel für Gase, z. B. Luft und Kohlensäuregas; den Vorgang der Auflösung nennt man in diesem Fall Absorption. Die

‖ Löslichkeit der Gase ist um so größer, je niedriger die Temperatur und je höher der Druck ist.

Trennung des gelösten Stoffes vom Lösungsmittel. *Erhitzt man Salzwasser in einem Kolben (in dessen Mündung zur Vermeidung des Spritzens ein kleiner Trichter gesteckt ist) zum Sieden und verdichtet den entweichenden Dampf an einer Glasplatte, so zeigen die erhaltenen Tröpfchen keinen Salzgeschmack.*

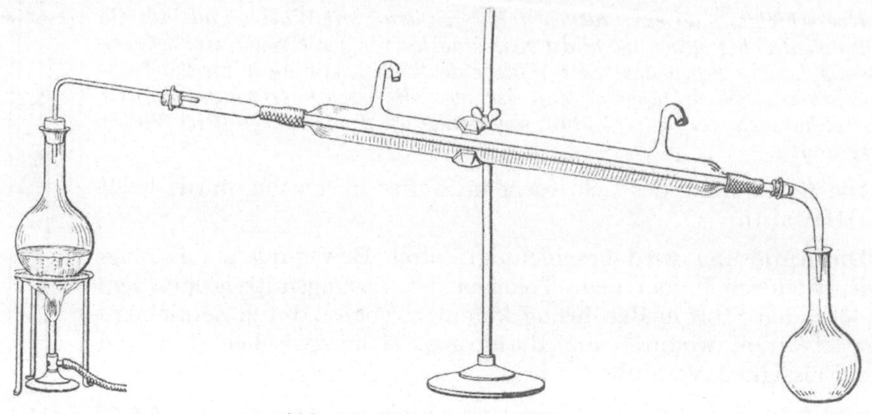

Abb. 11. Liebigscher Kühler.

Sobald der Sättigungspunkt der Lösung überschritten ist, beginnt im Kochgefäß die Ausscheidung festen Salzes.

Läßt man die Lösung auf einem Uhrglas langsam eindunsten, so hinterbleibt eine Salzkruste, in welcher man bei schwacher Vergrößerung quadratisch begrenzte Kriställchen erkennt.

Beim Verdampfen der wässerigen Lösung eines nicht flüchtigen Stoffes bleibt dieser zurück, während reines Wasser sich verflüchtigt. Darauf beruht die Gewinnung reiner Salze und reinen Wassers.

Im Laboratorium dienen zum Eindampfen der Lösungen flache Schalen aus Porzellan, in der Technik (Salzgewinnung) große eiserne Pfannen.

Handelt es sich um die Gewinnung von reinem Wasser, so muß der Dampf verdichtet werden. Im kleinen verwendet man hierzu (wie auch zum Destillieren anderer Flüssigkeiten) den **Liebigschen Kühler** (Abb. 11). Der Dampf im inneren Rohr wird von dem kalten Wasser im äußeren Rohr umströmt und dadurch verdichtet.

Zur Destillation größerer Mengen wird das Wasser in Kesseln erhitzt und der Dampf in metal-

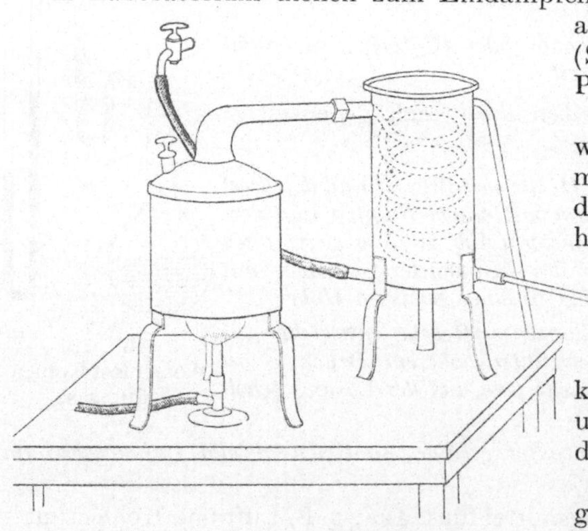

Abb. 12. Schlangenkühler.

lenen, vom Kühlwasser umgebenen Schlangenröhren verdichtet (Abb. 12). Dadurch, daß Dampf und Kühlwasser gegeneinander strömen, wird dieses am besten ausgenützt.

Aufgaben: 1. Nenne Beispiele von Suspensionen aus dem täglichen Leben! — 2. Wie lassen sich Schmieröl und Wasser trennen? — 3. Wodurch unterscheidet sich eine Lösung von einer Suspension? — 4. Worauf beruht die Trennung eines gelösten Stoffes vom Lösungsmittel? — 5. Wann versagt die Destillation als Mittel zur Trennung einer Flüssigkeit von dem darin gelösten Stoff?

§ 5. Von den Veränderungen.

Zustandsänderungen. Schwefel und Jod gehen, wie wir bereits erfahren haben, beim Erhitzen in den flüssigen und gasförmigen Zustand über, nehmen aber beim Erkalten wieder ihre ursprüngliche Beschaffenheit an.

Das bei gewöhnlicher Temperatur flüssige Wasser wird durch Abkühlen in Eis und durch Erhitzen in Dampf verwandelt. Das feste Wasser (Eis oder Schnee) geht bei Wärmezufuhr und der Wasserdampf bei Abkühlung wieder in flüssiges Wasser über. Trotz der wiederholten Änderungen der Formart bleibt die Stoffart in den drei Fällen unverändert.

Ein zum Glühen erhitzter Platindraht zeigt nach dem Erkalten keinerlei Veränderung.

Änderungen, bei denen die beteiligten Stoffe nach Aufhebung der Ursache wieder in den ursprünglichen Zustand zurückkehren, heißt man Zustandsänderungen oder physikalische Veränderungen.

Stoffänderungen. *Wird ein Stück Magnesiumdraht oder Magnesiumband in die Flamme eines brennenden Zündholzes gehalten, so entzündet es sich und verbrennt mit blendend weißem Licht zu einem weißen, krümeligen Stoffe, der vom Magnesium völlig verschieden ist und als Magnesiumasche bezeichnet wird.*

Eisen, welches längere Zeit den Einflüssen der Luft frei ausgesetzt ist, verwandelt sich allmählich in einen braungelben, leicht zerreiblichen Stoff, es rostet.

Die beim Verbrennen von Magnesium gebildete weiße Asche ist kein Magnesium mehr, ebenso wie der Rost kein Eisen mehr ist; beide besitzen keine Kennzeichen der Metalle, aus welchen sie entstanden sind; sie gehen auch nicht mehr bei Temperaturänderungen in die Metalle über.

Alle Vorgänge, bei welchen die Stoffe in neue mit anderen wesentlichen Eigenschaften übergehen, bezeichnen wir als Stoffänderungen oder chemische Vorgänge.

Chemische Vorgänge vollziehen sich beständig in der Natur wie im täglichen Leben. Kupfer- und Messinggegenstände überziehen sich an der Luft mit grüner Patina; Gesteine verwittern, wobei neue Stoffe entstehen; das Blattgrün unserer Laubbäume verwandelt sich im Herbst in leuchtend rote und gelbe Farbstoffe, bevor die Blätter zur Erde fallen und in Verwesung übergehen; Fleisch und Eier verderben durch Fäulnis; Wein und Bier werden sauer; die Milch gerinnt; unsere Heiz- und Leuchtstoffe verbrennen, dabei in andere Stoffe übergehend.

Die Technik ruft chemische Veränderungen mit der Absicht hervor, Stoffe mit gewünschten Eigenschaften zu gewinnen.

Geschichtliches. Die Anfänge einer praktischen Chemie liegen weit zurück. Die Herstellung einfacher Tonwaren, das Brennen des Kalksteins und die Gewinnung einiger Metalle (Gold, Silber, Kupfer, Bronze, Eisen und Blei) sind dem Menschen schon mehrere Jahrtausende bekannt. Eine besondere Förderung erfuhr die Chemie durch die Araber, welche sie unter dem Namen Alchimie im 9. Jahrhundert verbreiteten. Bis in das 17. Jahrhundert hinein gab man sich über die Ursachen der Stoffveränderungen phantastischen Vorstellungen hin. Eine kritische wissenschaftliche Chemie gibt es erst seit Robert Boyle (1626—1691). Mit außerordentlichem Scharfsinn verwarf dieser große Forscher die Annahme einer bloßen Verwandlung der Stoffe und unterschied richtig drei Gruppen chemischer Vorgänge.

§ 6. Vereinigung, Zersetzung, Umsetzung.

Vereinigung. *Wird ein inniges Gemenge von 7 g Eisen- und 4 g Schwefelpulver auf einer Asbestunterlage mit einer glühenden Stricknadel berührt, so glüht es auf, und die Feuererscheinung pflanzt sich durch das ganze Häufchen fort. Nach dem Erkalten liegt ein blauschwarzer Stoff vor, der auch nach dem feinsten Pulverisieren keine Eisen- und Schwefelteilchen mehr unterscheiden läßt und den man weder mittels des Magneten noch durch Wasser in die Ausgangsstoffe zerlegen kann.*

Verreibt man 25 g Quecksilber mit 4 g Schwefel, so entsteht eine dunkle Masse, in der man mit einer guten Lupe Metalltröpfchen und Schwefelteilchen erkennt. Wird das Gemenge im Proberohr erhitzt, so erhält man einen einheitlichen schwarzen Stoff, in welchem Quecksilber und Schwefel nicht mehr wahrzunehmen sind. Beim längeren Zerreiben im Mörser nimmt der Stoff eine rote Farbe an.

In der Hitze vereinigen sich bestimmte Mengen Eisen und Quecksilber mit einer bestimmten Menge Schwefel zu neuen Stoffen: Schwefeleisen und Schwefelquecksilber oder Zinnober.

Im Schwefeleisen und Zinnober sind sowohl die Eigenschaften des Schwefels wie die der Metalle verschwunden. Sorgfältige Wägungen ergeben, daß das Gewicht der neuen Stoffe = der Summe der Ausgangsstoffe. Metall und Schwefel vereinigen sich demnach ungeteilt.

‖ Vorgänge, bei welchen zwei Stoffe zu einem neuen zusammentreten, heißen chemische Vereinigungen.

Bezeichnet man die einfachen Stoffe mit A und B, den zusammengesetzten mit AB, so läßt sich der Vorgang durch folgendes Schema ausdrücken:

$$A + B \rightarrow AB.$$

Zersetzung. *Zwischen den Kohlen finden sich häufig goldglänzende, würfelig geformte Stückchen eines Minerals, das den Namen Schwefelkies führt. Erhitzt man eine kleine Menge desselben in einem schwer schmelzbaren Reagenzglas, so bildet sich an den Wänden des Röhrchens ein gelber Beschlag von Schwefel. Das Pulver hat dabei seine ursprünglichen Eigenschaften eingebüßt; es ist dunkel und matt geworden.*

Durch kräftiges Erhitzen wird aus dem Mineral Schwefelkies Schwefel abgespalten; der Rückstand ist kein Schwefelkies mehr. Das Mineral wird demnach durch Hitze in zwei verschiedenartige Stoffe zerlegt.

‖ Vorgänge, bei welchen aus einem Stoff ohne Hinzutritt eines anderen zwei (oder mehr) neue Stoffe hervorgehen, nennt man Zersetzungen:

$$AB \rightarrow A + B.$$

Umsetzung. *Verreibt man 29 g Zinnober innig mit 7 g Eisenpulver und erhitzt das Gemenge in einem Reagenzglas, so entsteht an der Glaswand über dem Gemenge ein aus feinen Quecksilbertröpfchen bestehender Anflug, während am Boden des Glases ein schwarzer Rückstand bleibt. Dieser ist Schwefeleisen.*

Beim Erhitzen von Zinnober, d. i. Schwefelquecksilber, mit Eisenpulver vereinigt sich dieses mit dem Schwefel des Zinnobers, während das Quecksilber frei wird.

Vorgänge, bei welchen ein Bestandteil eines zusammengesetzten Stoffes durch einen anderen Stoff ersetzt wird, nennt man **Umsetzungen**:

$$AB + C \longrightarrow AC + B.$$

§ 7. Elemente und Verbindungen.

Eine der wichtigsten Aufgaben der Chemie ist die Erforschung des Aufbaues der Stoffe. Drei verschiedene Wege sind hierzu denkbar: Entweder man sucht den zu untersuchenden Stoff möglichst weit zu zersetzen oder durch Ersatz Bestandteile aus ihm frei zu machen oder ihn aus einfacheren, bekannten Stoffen aufzubauen.

Jene Stoffe, welche wir weder in ungleichartige Bestandteile zerlegen noch aus einfacheren Stoffen aufbauen können, heißen Grundstoffe oder chemische **Elemente**. Durch Vereinigung der Elemente entstanden und entstehen die chemischen **Verbindungen**.

Während die Zahl der bekannten Verbindungen ungeheuer groß ist, kennt man bis jetzt 90 Elemente. Dazu gehören alle reinen Metalle, Schwefel, Kohlenstoff, Phosphor, Jod und eine Anzahl anderer nichtmetallischer Stoffe.

Bei ihrer Vereinigung geben die Elemente ihre Eigenschaften auf; die Verbindungen haben wesentlich andere Eigenschaften als ihre Elementarbestandteile.

Die Bildung einer chemischen Verbindung geht sehr häufig unter Wärmeentwicklung vor sich.

Geschichtliches. Die heutige Auffassung von den Grundstoffen als unzerlegbare Bausteine der Welt hatte schon Robert Boyle ausgesprochen. Trotzdem bestand noch lange die Ansicht fort, die chemischen Vorgänge bestünden in einer Verwandlung ganz weniger Grundstoffe. Diese Ansicht geht bis auf Aristoteles zurück, der in den 4 „Elementen" Erde, Wasser, Luft und Feuer die ineinander überführbaren Zustände aller Dinge erblickte.

§ 8. Verbrennungsvorgänge.

1. *Wird graues Eisenpulver auf einem Drahtnetz erhitzt, so verbrennt es unter Erglühen zu einer schwarzen Masse; bewirkt man durch Rütteln des Drahtnetzes, daß die heißen Eisenteilchen durchfallen und so allseitig mit frischer Luft in Berührung kommen, so verbrennen sie unter glänzendem Aufleuchten. Das Verbrennungsprodukt ist dasselbe wie der beim Schmieden von glühendem Eisen entstehende Hammerschlag.*

Wird dünnes Kupferblech an der Luft erhitzt, so läuft es mit bunten Farben an und bedeckt sich schließlich mit einer dunklen, beim Hämmern abblätternden Schicht: Kupferasche oder Kupferhammerschlag.

Blei überzieht sich beim Schmelzen an der Luft mit einer gelben Haut. Streicht man diese mit einem Draht weg, so kommt darunter das glänzende Metall zum Vorschein, welches aber in Berührung mit der Luft sogleich wieder anläuft.

Feine Zinkspäne verbrennen am Saum der Gasflamme zu einer flockigen Asche, die heiß gelb und nach dem Erkalten weiß aussieht. Der zwischen den Backen der Zange (mit der man das Metall hält) befindliche Teil verbrennt nicht.

Wird das Kupferblech mehrfach zusammengefaltet erhitzt, so wird es nur äußerlich schwarz, während es innen unverändert bleibt. Schmilzt man blankes Blei unter Paraffin, so behält es seinen Glanz. Senkt man eine brennende Kerze in eine Flasche und verschließt deren Mündung, so erlischt die Flamme nach kurzer Zeit (Abb. 13).

‖ Die Erfahrung lehrt, daß zur Verbrennung Luftzutritt erforderlich ist.

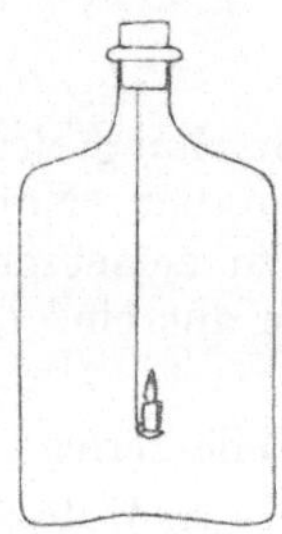

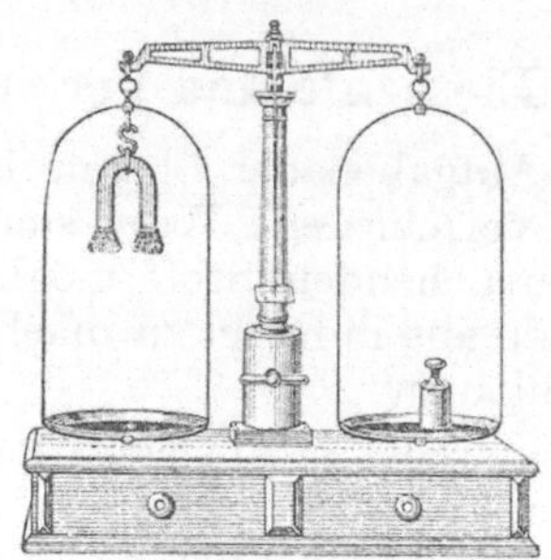

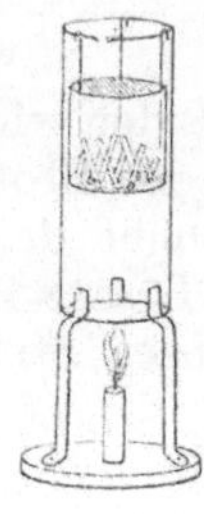

Abb. 13. Die Kerzenflamme braucht Luftzutritt.

Abb. 14. Gewichtszunahme des brennenden Eisens.

Abb. 15.

2. *Ein mit viel Eisenpulver belasteter Hufeisenmagnet wird über einer Waagschale aufgehängt und genau tariert. Wird dann der Eisenpulverbart durch kurzes Bestreichen mit der Flamme entzündet, so senkt sich mit dem sichtbaren Fortschreiten der Verbrennung des Eisenpulvers der den Magnet tragende Arm der Waage.*

Durch entsprechende Versuche kann auch für die anderen brennbaren Metalle nachgewiesen werden, daß sie durch die Verbrennung schwerer werden.

Stellt man auf beide Schalen einer Waage je einen nach Abb. 15 zugerichteten Zylinder, füllt die eingehängten Drahtkörbchen mit Natronkalk (einem Stoff, der Wasserdampf und Kohlensäuregas bindet), stellt unter den einen Zylinder ein Kerzchen und entzündet dieses nach Herstellung des Gleichgewichtes, so sinkt langsam die Schale mit der brennenden Kerze.

Die gasförmigen Verbrennungsprodukte sind schwerer als der verbrannte Anteil der Kerze.

Allgemein gilt der Satz:

‖ Verbrennungen an der Luft sind mit Gewichtszunahme verbunden.

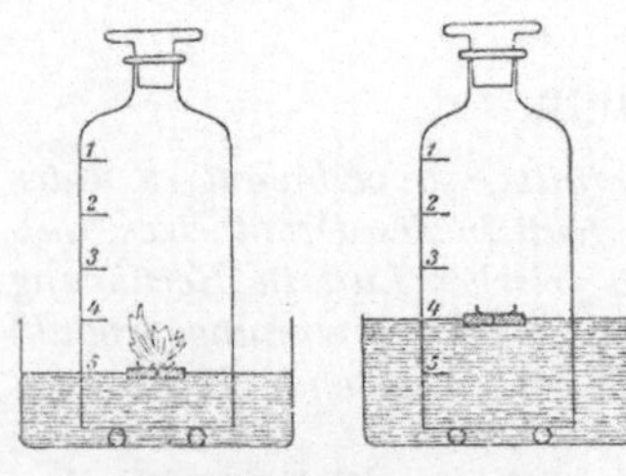

Abb. 16.
Verbrennung von Phosphor in einem geschlossenen Luftraum.

3. *Ein erbsengroßes Stück Phosphor wird auf eine mit Asbest bedeckte Korkscheibe gebracht, die in einer Wanne auf Wasser schwimmt. Darüber wird eine oben offene Glasglocke, deren Volumen wie in Abb. 16 eingeteilt ist, auf zwei in die Wanne gelegte Glasstäbe gestellt. Mit einem erwärmten Draht entzündet man den Phosphor und schließt dann rasch die Glocke durch einen gut dichtenden Stöpsel. Der Phosphor verbrennt unter Bildung eines dicken, weißen Rauches, der nach und nach vom Wasser aufgenommen wird. Das zurückbleibende Gas nimmt nach der Abkühlung und nachdem das Wasser außen auf dieselbe Höhe wie innerhalb*

der Glocke gebracht wurde, etwa $\frac{4}{5}$ des ursprünglichen Luftraumes ein. Ein durch den geöffneten Hals der Glocke eingeführtes brennendes Kerzchen erlischt in dem Luftrest sofort.

Durch die Verbrennung des Phosphors ist etwa ein Fünftel der Luftmenge verbraucht worden.

Treibt man die in einem der beiden Glockengasometer (Abb. 17) abgesperrte Luft durch die mit blanken Kupferfäden gefüllte Röhre, während diese stark erhitzt wird, so verbrennt das Metall, und die vom anderen Gasometer aufgenommene Luft hat eine Volumenabnahme erfahren. Schickt man durch entsprechendes Senken und Heben der Gasometerglocken die Luft in umgekehrter Richtung durch die Röhre und wiederholt das Spiel beliebig oft, so bleiben $\frac{4}{5}$ des anfänglichen Luftvolumens übrig. Der Luftrest vermag auch hier die Verbrennung nicht zu unterhalten.

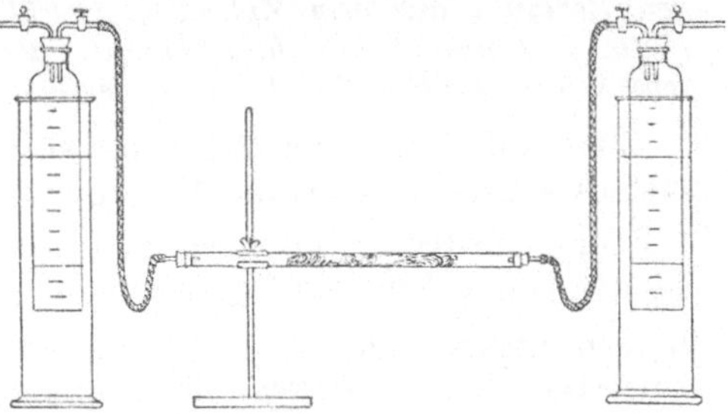

Abb. 17.
Verbrennung von Kupfer; die Luft wird durch geeichte Glockengasometer gemessen.

Die Versuche lehren:

Durch die Verbrennung wird nur etwa $\frac{1}{5}$ der Luft verbraucht. $\frac{4}{5}$ der Luft bestehen aus einem Stoff, der die Verbrennung nicht unterhält. Dieser Luftbestandteil erhielt den Namen **Stickstoff.**

4. Der verschwundene Luftbestandteil muß sich mit den verbrennenden Stoffen verbunden haben. Er blieb lange unbekannt. Erst 1774 ist es dem Deutschschweden Scheele und unabhängig von diesem dem Engländer Priestley gelungen, den fraglichen Luftanteil abzuscheiden. Priestley entdeckte ihn bei seinen Versuchen mit der roten Quecksilberasche, welche entsteht, wenn Quecksilber wochenlang unter Luftzutritt erwärmt wird. Das ziegelrote Pulver hatten vor ihm viele Chemiker in Händen. Der Alchimist Geber nannte es „verwandeltes Quecksilber".

Erhitzt man diese Quecksilberasche (käuflich unter dem Namen Quecksilberoxyd) in einem Proberohr aus schwerschmelzendem Glas, so färbt sie sich erst dunkel; bei steigender Temperatur zersetzt sie sich: Im kälteren Teil des Rohres bildet sich ein silberglänzender Belag, der leicht als Quecksilber erkannt wird; ein in die Mündung des Glases gesteckter glimmender Holzspan flammt auf und verbrennt mit hellem Lichte.

Um das frei werdende Gas aufzufangen, kann man folgendermaßen verfahren (Abb. 18):

Ein kurzes unten zugeschmolzenes Kugelrohr aus schwer schmelzbarem Glas wird mit 4—5 g Quecksilberoxyd beschickt, dann mit Ableitungsröhre

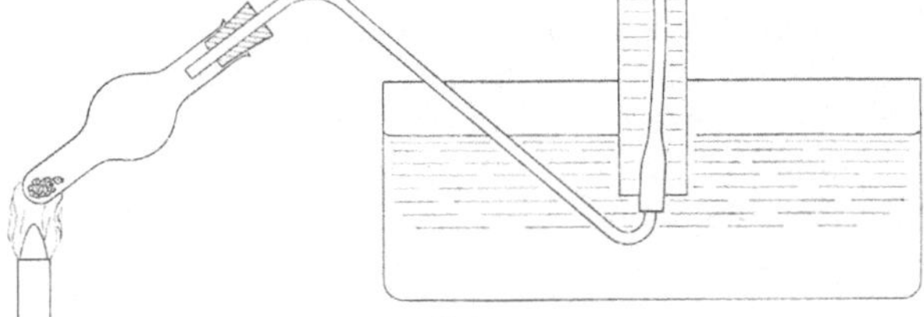

Abb. 18.
Zersetzung von Quecksilberoxyd.

und Schlauch, der bis in den oberen Teil des Auffangzylinders reichen muß, versehen und erhitzt. Nach Beendigung der Zersetzung läßt man erkalten, zieht dann den Schlauch aus dem Zylinder, verschließt diesen unter Wasser mit einer Glasplatte und nimmt ihn dann heraus. Eine Kerzenflamme brennt in dem Gas mit sehr hellem, weißem Licht; ein angeglühter Holzspan flammt darin hell auf.

Quecksilberoxyd zerfällt beim starken Erhitzen in Quecksilber und ein farbloses Gas, welches die Verbrennung außerordentlich lebhaft fördert.

Seine Entdecker nannten das merkwürdige Gas „Feuerluft". Bei uns ist der Name **Sauerstoff** gebräuchlich, der aber irreführend ist.

Geschichtliches. Schon Robert Boyle war nahe daran, das Rätsel der Verbrennung zu lösen. Um zu erfahren, ob Verkalkung auch bei Abschluß der Außenwelt eintritt, brachte er in ein weites Glasrohr Blei, zog die Röhre zu einer Spitze aus und schmolz diese zu. Dann erhitzte er das eingeschlossene Metall längere Zeit. Er konnte sich nun das Ergebnis des Versuches nicht erklären: Es war teilweise Verkalkung eingetreten, aber das Gewicht des Röhrchens mit Inhalt war nicht größer geworden. Hätte er die Spitze unter Wasser abgebrochen, dann hätte er wahrscheinlich die Lösung gefunden, die 100 Jahre später kam. So blieb die irrige Anschauung bestehen, daß die Verbrennung auf dem Entweichen eines allen brennbaren Körpern gemeinsamen Feuerstoffes, des sog. Phlogistons, beruhe; danach sollten die Metalle durch Abgabe von Phlogiston in Metallaschen übergehen. Der wahre Sachverhalt wurde erst 1777 durch Lavoisier in folgendem denkwürdigen Versuch aufgedeckt:

Eine Glasretorte (Abb. 19) war bis zur Hälfte mit Quecksilber gefüllt und gewogen worden. Ihr umgebogener Hals endigte unter einer Glasglocke, welche in eine Wanne mit Quecksilber gesetzt war. Die Retorte wurde 12 Tage lang über 300⁰ erhitzt, wodurch sich die Oberfläche des Quecksilbers allmählich mit einer roten Schicht bedeckte, während gleichzeitig die Luft in der Glocke um $\frac{1}{5}$ abnahm. Genaue Wägung und Messung ergaben nun, daß die Retorte mit ihrem Inhalt um soviel schwerer geworden war, als dem Gewicht der verschwundenen Luftmenge entsprach. Die sorgfältig gesammelte rote Quecksilberasche wurde, ähnlich wie Abb. 11 zeigt, erhitzt. Dadurch entstand Quecksilber und Sauerstoff, dessen Volumen der Volumverringerung der Luft in der Glocke entsprach.

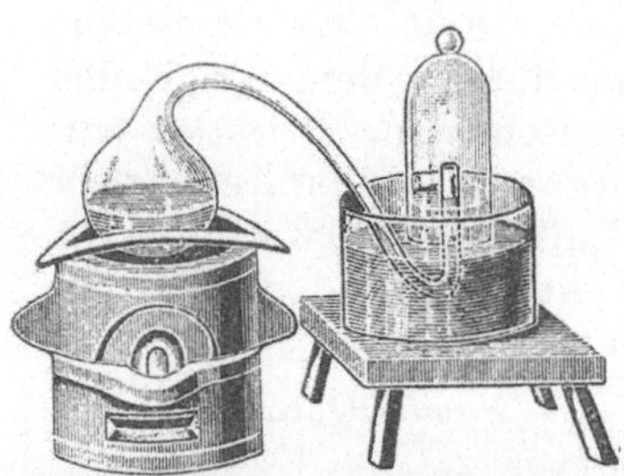

Abb. 19. Lavoisiers Versuch zur Erklärung der Verbrennung.

Aus diesem bedeutungsvollen Versuch hat Lavoisier folgende Schlüsse gezogen:

1. Die atmosphärische Luft besteht zu $\frac{1}{5}$ aus Sauerstoff und zu $\frac{4}{5}$ aus Stickstoff. — 2. Bei der Verbrennung vereinigen sich die verbrennenden Stoffe nur mit dem Sauerstoff. — 3. Die Summe der Gewichte der bei den Verbrennungen beteiligten Stoffe (verbrennender Stoff und Sauerstoff) bleibt unverändert. — Damit erkannte er das **Gesetz von der Erhaltung des Gewichtes**, das seitdem durch zahlreiche sorgfältige Versuche erwiesen ist.

§ 9. Der Sauerstoff.

Darstellung. Die Abscheidung von Sauerstoff aus Quecksilberoxyd ist sehr kostspielig und wenig ergiebig. (Aus 100 g Quecksilberoxyd erhält man nur 7,4 g Sauerstoff, d. i. etwa $5\frac{3}{4}$ l bei gew. Temperatur.) Sie eignet sich deshalb nicht für die Gewinnung des Sauerstoffs im großen.

In der Industrie gewinnt man den Sauerstoff vor allem nach dem Verfahren von Linde durch Verflüssigung der Luft und Trennung von Sauerstoff und Stickstoff auf Grund ihrer verschiedenen Siedepunkte.

In den Handel kommt Sauerstoff in stählernen, nahtlosen Flaschen, in denen 1 cbm Gas auf etwa 10 l zusammengepreßt ist (Abb. 20).

Häufig bewahrt man Sauerstoff (und andere Gase) in eigenen Gasbehältern auf, in welchen er unter dem geringen Druck einer kleinen Wassersäule steht. Einen solchen Behälter, sog. Gasometer, zeigt Abb. 21.

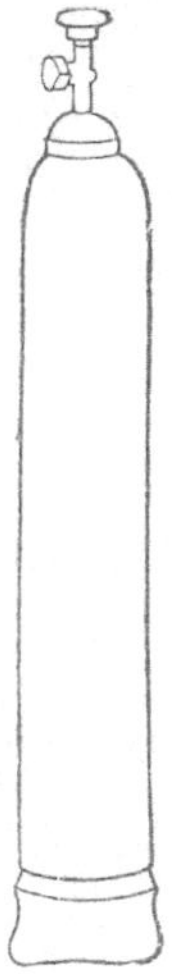

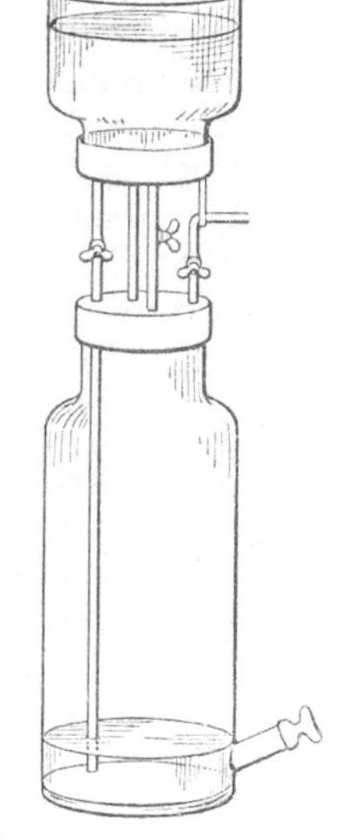

Abb. 21.
Gasbehälter.

Eigenschaften. Ein glimmender Holzspan flammt, wie uns bekannt ist, in reinem Sauerstoff sofort hell auf. — Glühende Holzkohle verbrennt darin unter prächtigem Funkensprühen. Dabei geht sie unter Hinterlassung von wenig Asche in ein farbloses Gas über. — Wird entzündeter Schwefel in einem eisernen Löffel in Sauerstoff gebracht, so verbrennt er mit schön blauer Flamme; dabei entsteht ein stechend riechendes Gas und ein feiner, weißlicher Rauch. —

Abb. 20.
Sauerstoffbombe.

Phosphor in gleicher Weise in Sauerstoff eingeführt, verbrennt mit äußerst hellem Licht, das die Augen kaum ertragen können. Sein Verbrennungsprodukt erfüllt die Flasche in dicken, weißen Wolken.

Wird beim 2. bis 4. Versuch nach beendigter Verbrennung und Abkühlung Wasser in die Gefäße gegossen und nach Verschluß der Öffnung geschüttelt, so lösen sich die Verbrennungsprodukte darin, was beim Öffnen der Flaschen an dem Geräusch der eindringenden Luft zu erkennen ist.

Mit Lackmuslösung blau gefärbtes Filterpapier wird in den Flüssigkeiten rot.

Die Lösungen der Verbrennungsprodukte des Schwefels und Phosphors röten Lackmuspapier stark, die des Verbrennungsproduktes der Kohle nur schwach. —

Auch Eisen verbrennt lebhaft in reinem Sauerstoff: Eine Uhrfeder, am unteren Ende mit einem glimmenden Zündschwamm versehen, brennt unter glänzender Feuererscheinung. Das Verbrennungsprodukt ist in Wasser unlöslich. — Ferner vereinigen sich viele andere Metalle bei höherer Temperatur unter Feuererscheinung mit Sauerstoff. Werden Calciumspäne (ein leichtes Metall von der Farbe des Zinks) in einem Rohr aus Hartglas im Sauerstoffstrom erhitzt, so ver-

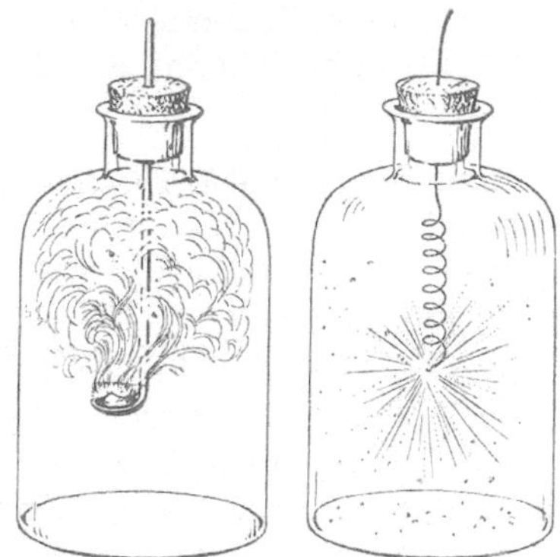

Abb. 22.
Verbrennung von Phosphor.

Abb. 23.
Verbrennung von Eisen in Sauerstoff.

*brennt das Metall unter Ausstrahlung eines gelbroten Lichtes und starker Wärme-
entwicklung zu einem weißen Stoff. Bringt man das Verbrennungsprodukt des Cal-
ciums nach dem Erkalten mit Wasser zusammen, so tritt Erwärmung ein, und es
entsteht eine Lösung, welche rotes Lackmuspapier bläut.*

*Auch die Verbrennungsprodukte anderer Metalle, z. B. Magnesium, Zink, Blei
liefern beim Verreiben mit Wasser Stoffe, welche Lackmuspapier (bei längerer Berührung) bläuen.*

Der Sauerstoff ist bei gewöhnlicher Temperatur ein farb- und geruchloses
Gas. Er ist etwas schwerer als die atmosphärische Luft. Bei — 119^0 und einem
Druck von 50 Atm. wird er flüssig; unter dem Druck einer Atm. siedet flüs-
siger Sauerstoff bei — 183^0 (flüssiger Stickstoff siedet schon bei — 194^0).

Die Verbrennung geht in reinem Sauerstoff viel lebhafter vor sich als in
der Luft.

Oxydation und Oxyde. Bei den angeführten Verbrennungserscheinungen verbindet sich der Sauerstoff mit den brennenden Stoffen.

Die Vereinigung eines Stoffes mit Sauerstoff nennt man Oxydation. Die
Verbindung eines Elementes mit Sauerstoff heißt Oxyd.

Kohle und Schwefel liefern gasförmige Verbrennungsprodukte (Kohlendioxyd und Schwefeldioxyd), das Oxyd des Phosphors bildet ein schnee-
artiges Pulver. Alle drei Oxyde geben mit Wasser Säuren.

Die Metalloxyde sind alle fest. Viele von ihnen bilden mit Wasser Stoffe,
welche im Gegensatz zu den Säuren roten Lackmusfarbstoff bläuen. Diese
Stoffe nennt man Basen.

Eine große Bedeutung haben gewisse als Mineralien vorkommende Oxyde
wichtiger Metalle. Sie werden als Erze bezeichnet und dienen seit alten Zeiten
zur Gewinnung der betreffenden Metalle. Die wichtigsten sind: Magnet-
und Roteisenerz, das sind Oxyde des Eisens; unter dem Namen Braunstein werden natürliche Oxyde des Mangans, eines dem Eisen ähnlichen
Metalls, zusammengefaßt; der Zinnstein ist Zinnoxyd, und Rotkupfererz
ist ein Oxyd des Kupfers.

Die Verbrennung an der Luft liefert (im allgemeinen) dieselben Oxyde wie
die in reinem Sauerstoff. In der Luft findet aber die Verbrennung langsamer
statt als in reinem Sauerstoff, weil dort der Sauerstoff durch Stickstoff
verdünnt ist.

Entzündungs- und Verbrennungstemperatur. Damit ein Stoff zur Verbrennung
gelangt, ist eine bestimmte Temperatur nötig. Schwefel können wir bei gewöhnlicher Temperatur an der Luft liegen lassen oder in Sauerstoff bringen,
ohne daß er verbrennt. Erhitzen wir ihn aber auf eine bestimmte Temperatur,
so beginnt eine lebhafte Oxydation, die Verbrennung. Ähnlich ist es bei der
Kohle, dem Eisen usw.

Die Temperatur, bis zu der ein Stoff erhitzt werden muß, damit er zu verbrennen beginnt, heißt man die Entzündungstemperatur.

Das Entzünden besteht also in dem Erhitzen eines Körpers bis auf die
Entzündungstemperatur. Diese ist bei verschiedenen Stoffen sehr verschieden.

Jene Temperatur, welche durch die Verbrennung erzeugt wird, nennt man die
Verbrennungstemperatur.

Auch diese ist bei verschiedenen Stoffen verschieden hoch.

Zur Verbrennung ist also nötig, daß der betreffende Stoff auf die Entzündungstemperatur erhitzt wird, und daß Sauerstoff oder Luft zugegen ist. Wird ein brennender Stoff unter seine Entzündungstemperatur abgekühlt, so hört er auf zu brennen.

Einzelne glühende Kohlenstückchen, auf eine Metallplatte gebracht, erlöschen alsbald wegen der erfolgenden starken Abkühlung, ebenso eine Kerzenflamme, wenn über dieselbe eine Spirale von stärkerem Kupferdraht gestülpt wird (Abb. 24).

Darauf beruht das Feuerlöschen mit Wasser. Natürlich wird auch durch Absperren der Luft die Verbrennung verhindert (Feuerlöschen durch Bedecken mit Sand, Erde usw.).

Leicht verbrennliche Stoffe entzünden sich bisweilen ohne äußere Erwärmung (Selbstentzündung mancher Steinkohlen, mit Öl getränkter Putzwolle, feuchten Heues). Es handelt sich dabei um Stoffe, die durch große Oberfläche mit der Luft in innige Berührung kommen; durch anfänglich langsame Oxydation steigert sich allmählich die Hitze bis zur Entzündungstemperatur.

Bedeutung. Der Sauerstoff ist für alle Organismen zur Erhaltung des Lebens nötig. Die Tiere nehmen ihn durch die Atmungsorgane (Lungen, Kiemen, Haut) auf und verwenden ihn zur Oxydation der durch die Verdauung gewonnenen Stoffe. Eine Folge dieses Oxydationsprozesses ist die Erzeugung der Körperwärme. Ein erwachsener Mensch verbraucht in 24 Stunden ungefähr 500 l Sauerstoff. Auch die Pflanzen verbrauchen Sauerstoff zur Atmung. Die Aufnahme erfolgt durch die Spaltöffnungen der Blätter, die Poren der Rinde oder durch die zarte Haut. Der Sauerstoff oxydiert auch die Körper der abgestorbenen Organismen (Verwesung) und führt dadurch deren Bestandteile wieder in den Kreislauf der Stoffe zurück.

Abb. 24.
Auslöschen einer Flamme durch Abkühlung.

In der Technik wird reiner Sauerstoff zur Erzeugung hoher Temperaturen verwendet. Ferner findet er Anwendung zu Rettungsapparaten und Inhalationen sowie zur Lufterneuerung im Unterseeboot.

Geschichtliches. Als Priestley seine Feuerluft entdeckte, scheute er nicht die Schwierigkeit einer Reise von London nach Paris, um einen Vortrag darüber zu halten, dem auch Lavoisier beiwohnte. Er sagte von der aus Quecksilberasche entweichenden Luft, sie sei so rein, daß gewöhnliche Luft im Vergleich damit unrein erscheint. Lavoisier nannte sie deshalb zunächst air pur, später air vitale und air respirable. Für besonders wichtig hielt Lavoisier die Beobachtung, daß dieses Gas mit nichtmetallischen Elementen (Kohlenstoff, Schwefel, Phosphor) Säuren gab. Daher nannte er es Oxygène = Säurebildner. Aber schon Davy schreibt um 1808: „Wenn Herr Lavoisier diese Luft das sauermachende Prinzip nennt, so hätte er mit ebensoviel oder mehr Recht dieses Gas das kalk- oder basenbildende Prinzip nennen können." Den Stand der damaligen Erkenntnis veranschaulicht folgendes Schema:

Sauerstoff

+ Metalle	+ Nichtmetalle
basische Oxyde	saure Oxyde.

Aufgaben: 1. Welche Rolle spielt der Sauerstoff bei der Verbrennung? — 2. Warum wird ein Feuer durch Anblasen angefacht? — 3. Wie rettet man jemand, dessen Kleider in Brand geraten sind? — 4. Wie löscht man eine Spirituslampe aus? — 5. Welche Rolle spielt der Stickstoff bei der Verbrennung in Luft?

§ 10. Das Wasser.

Wie der Sauerstoff, so bildet das Wasser einen ungemein wichtigen Bestandteil der Erde, sowohl was die Menge und Verbreitung seines Auftretens als seine Bedeutung für die ganze belebte und unbelebte Natur betrifft. Weitaus der größte Teil der Oberfläche unseres Planeten ist von Wasserbecken verschiedener Tiefe und Ausdehnung bedeckt. Im festen Zustand als Eis und Schnee bildet es mächtige Ablagerungen auf den Hochgebirgen und in den Polarländern. Durch Verdunstung gelangt es als Wasserdampf in die Luft, verdichtet sich dort zu Nebel und Wolken und schlägt sich als Regen, Tau, Reif, Schnee und Hagel wieder auf die Erde nieder. Das Niederschlagswasser sammelt sich entweder sofort oder nachdem es in die Erde eingesickert ist, zu Quellen und Flüssen, um den großen Becken zuzufließen. Dieser Kreislauf des Wassers bewirkt andauernde Veränderungen der Erdoberfläche und bildet eine Grundbedingung alles Lebens auf der Erde. Die Bedeutung des Wassers für unsere Wirtschaft beweist die Berechnung, daß in den großen Städten der tägliche Verbrauch 100 bis 150 l auf die Person beträgt. Das reine Wasser ist in dünnen Schichten farblos; in sehr dicken Schichten erscheint es bläulich. Das wechselnde Aussehen des natürlichen Wassers hängt von den beigemengten Stoffen und von der Beschaffenheit des Grundes ab.

Beim Anwärmen größerer Wassermengen beobachtet man die große Wärmeaufnahmefähigkeit des Wassers. Sie ist weitaus größer als die der meisten anderen Stoffe. Die gleiche Wärmezufuhr, die 1 kg Quecksilber um 30^0 erwärmt, erhöht die Temperatur von 1 kg Wasser nur um 1^0.

Man hat die zur Erwärmung von 1 kg Wasser um 1^0 nötige Wärmemenge als Wärmeeinheit gewählt und bezeichnet sie als große Kalorie (Kal.)

Die große Wärmeaufnahmefähigkeit des Wassers spielt eine wichtige Rolle in der Natur und macht es sehr geeignet zur Übertragung der Wärme (Golfstrom, Warmwasserheizung).

Beim Übergang in Eis dehnt sich das Wasser um $\frac{1}{11}$ seines Volumens aus, und zwar mit solcher Kraft, daß Gefäße, Felsen, Baumstämme, in welchen eingeschlossenes Wasser gefriert, zersprengt werden. Das Raumgewicht des Eises bei 0^0 ist 0,917; es ist kleiner als das des flüssigen Wassers von derselben Temperatur (0,999), deshalb schwimmt das Eis auf letzterem. Das Eis ist ein kristallisierter Stoff; wir erkennen das an den Eisblumen am

Abb. 25. Schneekristalle.

Fenster sowie an den zierlichen Schneekriställchen und an den Formen des Rauhreifes. (Das Wort Kristall hat sich ursprünglich auf das Eis bezogen.)

Bei 4^0 hat das Wasser seine größte Dichte; infolgedessen gefriert das Wasser in größeren Tiefen nicht. Das Gewicht eines Kubikzentimeters reinen Wassers von 4^0 hat man als die Gewichtseinheit $= 1$ g gewählt.

Abb. 26. Sinterterrassen der Mammutquellen im Yellowstonepark,
durch Ausscheidung gelöster Stoffe gebildet.

Von der Oberfläche aus verwandelt es sich bei jeder Temperatur in Wasserdampf, es verdunstet; selbst in der Form von Eis und Schnee findet langsames
Verdunsten statt. Daher befindet sich in der Luft jederzeit Wasserdampf.

Regenwasser ist nahezu reines Wasser; es enthält nach längerem Regen
(wenn die Luft von Staub größtenteils befreit ist) nur kleine Mengen von
Sauerstoff, Stickstoff und Kohlensäure. Sobald es aber den Boden berührt
hat, nimmt es von diesem feste Stoffe auf. Klares Quellwasser ist kein reines
Wasser, auch wenn wir darin selbst mit dem Mikroskop keine schwebenden
Teilchen mehr beobachten. Schon der Geschmack beweist uns die Anwesenheit fremder Stoffe darin.

Soll der Gehalt an gelösten Mineralstoffen bestimmt werden, so verdampft man
eine bestimmte Menge, z. B. 1 l des Wassers in einer gewogenen Platin- oder Glas-
schale auf dem Wasserbad.

Meerwasser und Mineralwasser. Das Wasser des offenen Ozeans stellt eine
Lösung verschiedener Stoffe dar, unter denen das Kochsalz vorherrscht.
Quellwasser, das größere Mengen bestimmter unorganischer Stoffe enthält,
wird als Mineralwasser bezeichnet. (Bitterwässer, Stahlwässer, Säuer-
linge). Thermen nennt man natürliche Wässer, deren Temperatur die mitt-
lere Bodentemperatur weit übertrifft; die Thermen von Aachen haben 60°.

Kristallisation aus Lösungen. Läßt man die heißgesättigten Lösungen fester
Stoffe, z. B. Kupfervitriol, erkalten, so muß sich bei Abnahme der Löslichkeit mit dem Sinken der Temperatur ein Teil des gelösten Stoffes ausscheiden.
Dabei erscheint der betreffende Stoff in Kristallen, die um so größer werden,
je langsamer die Abkühlung erfolgt. Die über den Kristallen bleibende Lösung heißt Mutterlauge.

Viele Stoffe verbinden sich bei der Kristallisation aus Wasser mit einer bestimmten Menge desselben: Kristallwasser (Kupfervitriol, Soda, Glaubersalz). Beim Liegen der Kristalle an der Luft entweicht oft das Kristallwasser; dadurch werden die anfangs klaren Kristalle undurchsichtig weiß, mehlig. Man nennt diese Erscheinung Verwittern (Soda).

Manche Stoffe ziehen aus der Luft Wasser an, ohne sich damit zu verbinden, wie Pottasche, Chlorcalcium, Glyzerin, konzentrierte Schwefelsäure. Solche Stoffe heißen hygroskopisch. In geringem Grade sind viele Stoffe, so auch Papier, hygroskopisch.

Aufgaben: 1. Welche Eigenschaften erteilen gelöste Stoffe dem Wasser? — 2. Worauf beruht der Wohlgeschmack eines guten Trinkwassers? — 3. Wie erklären sich die Mineralbildungen in den Höhlen der Kalkgebirge, den Sinterterrassen der heißen Quellen und den Salzlagern? — 4. Warum gehen Pflanzen und Tiere in destilliertem Wasser rasch zugrunde?

§ 11. Kristalle. Amorphe Stoffe.

Kristalle. Beim Kristallisieren nehmen die Stoffe bestimmte, von ebenen Flächen gesetzmäßig begrenzte Gestalt an. Die Kristallformen sind den betreffenden Stoffen eigentümlich und daher ein wichtiges Kennzeichen der verschiedenen Stoffarten.

Zur Unterscheidung der mannigfaltigen Kristallformen ist die größere oder geringere Regelmäßigkeit ihres Baues wichtig. Durch die Mitte der meisten vollkommen ausgebildeten Kristalle kann man einen oder mehrere Schnitte so geführt denken, daß die eine Kristallhälfte das Spiegelbild der anderen ist. Solche gedachte Schnittflächen nennt man Symmetrieebenen.

Nach dem Grad ihrer Symmetrie hat man die Kristallformen in wenige Systeme eingereiht. Den regelmäßigsten Bau zeigen die

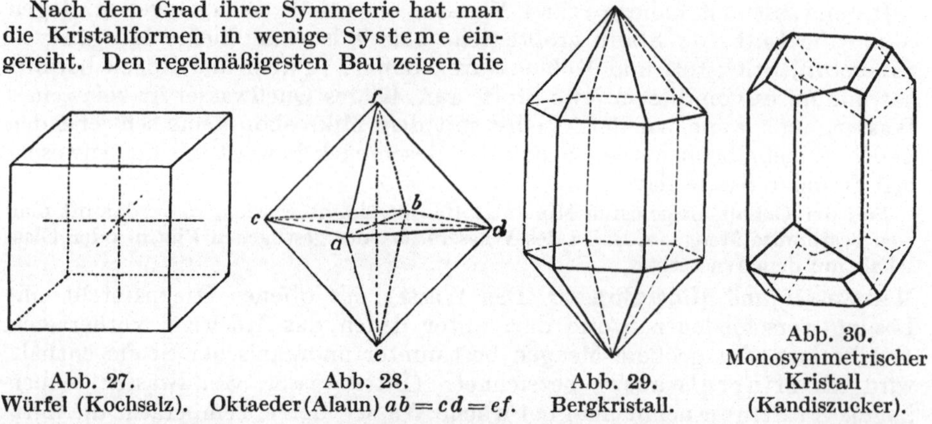

Abb. 27.
Würfel (Kochsalz).

Abb. 28.
Oktaeder (Alaun) $ab = cd = ef$.

Abb. 29.
Bergkristall.

Abb. 30.
Monosymmetrischer Kristall (Kandiszucker).

Formen des regulären Systems, zu welchem Würfel und Oktaeder gehören. Sie sind nach den drei Hauptrichtungen des Raumes gleichmäßig ausgebildet und besitzen drei Haupt- und sechs Nebensymmetrieebenen.

Formen mit sechsseitigem Umriß und sechs vertikalen, sich unter 30° schneidenden Symmetrieebenen nennt man hexagonal (Abb. 29).

Kandiszucker, Gipsspat und Feldspat kristallisieren in Formen, die nur einen einzigen symmetrischen Schnitt gestatten; sie werden im monosymmetrischen System zusammengefaßt (Abb. 30).

Die natürlich vorkommenden Kristalle sind nur selten ganz ebenmäßig ausgebildet; gewöhnlich weichen sie infolge ungleichmäßigen Wachstums mehr oder weniger von der Idealform ab. Die Gesetzmäßigkeit zeigt sich aber auch bei verzerrten Kristallen darin, daß die Winkel, welche gleichartige Flächen miteinander bilden, unverändert bleiben.

Die meisten Stoffe besitzen die Fähigkeit zu kristallisieren. Aber nur selten treten in der Natur die Stoffe in einzelnen Kristallen auf. Gewöhnlich sind mehrere oder zahlreiche Kristalle miteinander verwachsen. Je nach Ausbildung und Größe der miteinander verwachsenen Kristalle unterscheidet man kristallisiertes, kristallinisches und mikrokristallinisches Gefüge.

Kristallisiert nennt man das Gefüge, wenn die einzelnen Kristalle mit freiem Auge erkennbar sind (Kalkspat, Bergkristall, Kandiszucker).

Sind viele kleine Kristalle ineinander verfilzt, so daß man die einzelnen Kriställchen nicht mehr deutlich unterscheiden kann, jedoch Teile von Kristallflächen, die sich meistens durch ihren Glanz auszeichnen, so wird das Gefüge als **kristallinisch** bezeichnet (Marmor, Würfelzucker, Stangenschwefel).

Amorpher Zustand. Läßt man in einer Schale kleine Stücke Leim mit Wasser längere Zeit stehen, so tritt eine andere Erscheinung ein als beim Lösen von Salz und Zucker. Während von letzteren Körnchen um Körnchen sich ablöst und schließlich keine Spur mehr sichtbar ist, q u e l l e n die Leimstückchen langsam auf, indem sie Wasser in sich aufnehmen. Nach einiger Zeit lassen sie sich durch Umrühren im Wasser verteilen, die Flüssigkeit ist aber trüb. Beim Verdunsten des Wassers erhält man keine Kristalle von Leim, sondern eine gallertartige Masse, die sehr langsam trocknet und völlig unregelmäßig erstarrt.

Ähnlich wie Leim verhalten sich Gummi, Harz, Eiweiß, Stärke.

Die erwähnten Stoffe haben nicht die Fähigkeit zu kristallisieren, man nennt sie **amorph** (= gestaltlos).

Amorph sind auch Ton und Lehm.

§ 12. Abbau des Wassers. Der Wasserstoff.

Das Wasser wurde lange Zeit für ein Element gehalten. Aufschluß über seine chemische Natur erhalten wir durch die Einwirkung leicht oxydierbarer Metalle auf Wasser.

Auf dem Boden eines größeren Proberohres (Abb. 31) bringt man etwas Eisenpulver und dazu mittels einer langen Glasröhre soviel destilliertes Wasser,

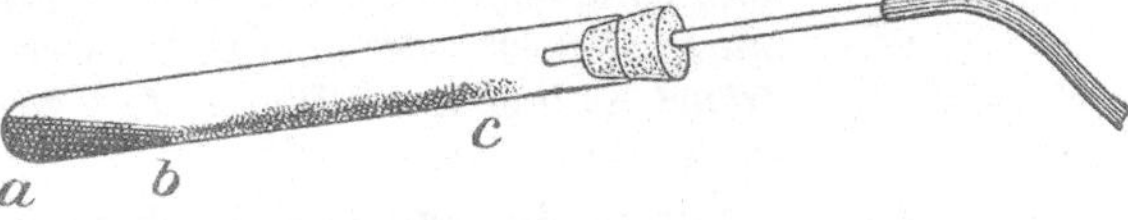

Abb. 31. Zerlegung von Wasser durch Eisen.

daß es mit dem Eisen einen Brei bildet (a—b). Nachdem das Rohr schräg in einen Halter gespannt ist, wird von b—c eine gleichmäßige Lage trockenes Eisenpulver geschichtet. Dann wird mit Stopfen, Ableitungsröhrchen und Schlauch verschlossen; letzterer wird in eine Wanne unter einen mit Wasser gefüllten Auffangzylinder geführt. Nun wird vorsichtig das trockene Eisenpulver von b—c geglüht, dann allmählich das Wasser in ab verdampft.

Das Eisenpulver färbt sich alsbald blauschwarz, und der Zylinder füllt sich mit einem farblosen Gas. Er wird mit einer Glasplatte verschlossen, aus dem Wasser genommen und sofort mit der Mündung an eine Flamme gehalten. Das Gas entzündet sich mit leichtem Knall und verbrennt mit kaum leuchtender Flamme.

Das bei dem Versuch gebildete brennbare Gas kann nur aus dem Wasser stammen. Es erhielt den Namen **Wasserstoff**. Das Eisen geht hierbei in den gleichen Stoff über, der bei der Verbrennung des Metalls an der Luft entsteht; es hat sich also mit Sauerstoff verbunden; dieser muß ebenfalls aus dem Wasser herrühren. Daraus folgt, daß im Wasser die Elemente Wasserstoff und Sauerstoff chemisch gebunden sind.

Einige Metalle wirken schon bei gewöhnlicher Temperatur auf das Wasser lebhaft ein, z. B. Calcium und Natrium.

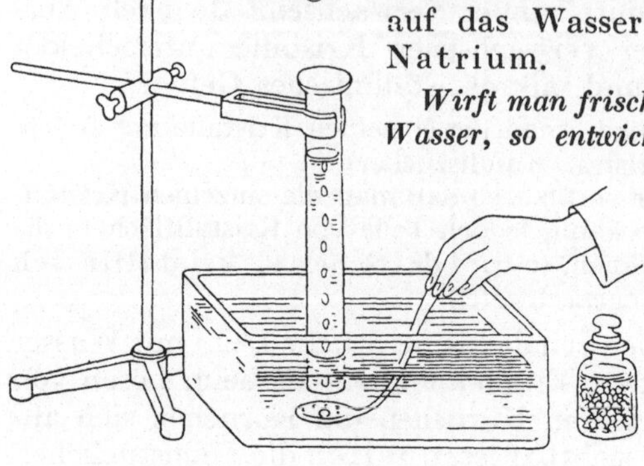

Abb. 32. Einwirkung von Natrium auf Wasser.

Wirft man frische Calciumspäne in ein Kelchglas mit Wasser, so entwickelt sich sofort Wasserstoff, der mittels eines mit Wasser gefüllten, umgekehrten Proberohres aufgefangen werden kann. Bei dem Versuch entsteht eine Lösung, welche Lackmus bläut.

Das Metall Natrium wird unter Petroleum aufbewahrt, da es sich an der Luft sehr rasch mit Sauerstoff verbindet. Natrium schwimmt auf Wasser und wirkt äußerst lebhaft darauf ein; durch die bei dem Vorgang freiwerdende Wärme schmilzt das Metall zu einer Kugel, die auf der Wasseroberfläche von dem entbundenen Wasserstoff herumgetrieben wird. Um diesen aufzufangen, taucht man mittels eines langstieligen Sieblöffels das Natriumkügelchen unter einen mit Wasser gefüllten Glaszylinder (Abb. 32).

Auch hier entsteht eine basische Lösung.

Bei den geschilderten Vorgängen verdrängen die Metalle den Wasserstoff, während sie sich selbst mit dem Sauerstoff des Wassers verbinden. Die Umsetzung kann durch folgendes Schema ausgedrückt werden:

$$\text{Metall} + \text{Wasser} \rightarrow \text{Metalloxyd} + \text{Wasserstoff.}$$

Im Laboratorium bereitet man Wasserstoff bequem, indem man gewisse Metalle, z. B. Zink, mit verdünnter Schwefelsäure in Berührung bringt.

Übergießt man im Proberohr Zinkblechschnitzel mit der Säure, so entwickelt sich unter Erwärmung Wasserstoffgas. Dieses mischt sich mit der zunächst noch vorhandenen Luft zu einem Gasgemenge, das sich an einer Flamme mit pfeifendem oder knallendem Geräusch entzündet. Ist die Luft verdrängt, so brennt der Wasserstoff an der Mündung des Röhrchens mit ruhiger Flamme.

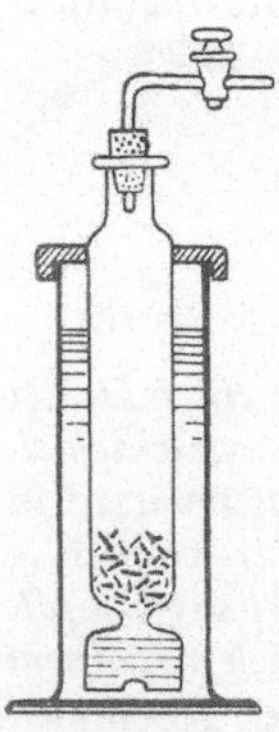

Zur häufigeren Darstellung von Wasserstoff benutzt man zweckmäßig Gasentwickler von der in Abb. 33 veranschaulichten Form. In dem Standgefäß befindet sich Säure, im inneren Zylinder Zink. Beim Öffnen des Hahnes dringt die Säure zum Zink; beim Schließen des Hahnes verdrängt das sich entwickelnde Gas die Säure wieder.

Abb. 33. Gasentwickler.

Der **Wasserstoff** ist ein farb- und geruchloses Gas. Er kommt auch in Stahlflaschen unter einem Druck von 150 Atmosphären in den Handel. Er ist der leichteste aller Stoffe. 1 l Wasserstoff wiegt bei 0° und 760 mm Barometerstand 0,09 g. Er ist 14,36 mal leichter als die Luft.

Wegen dieser Eigenschaft kann man ihn auch auffangen, indem man das Gefäß umgekehrt über das Gasleitungsrohr hält. Ferner entweicht er aus diesem Grund rasch nach oben, wie aus dem in Abb. 35 angedeuteten Versuche folgt. Wird ein mit Wasserstoff gefüllter Zylinder, mit der Öffnung nach unten, an die unten befindliche Öffnung eines gleich großen luftgefüllten Zylinders gebracht und allmählich tiefer gesenkt, bis er dem oberen gegenübersteht, so entweicht der Wasserstoff in diesen und kann darin entzündet werden.

Ein mit Wasserstoff gefüllter Kollodiumballon steigt rasch in die Luft.

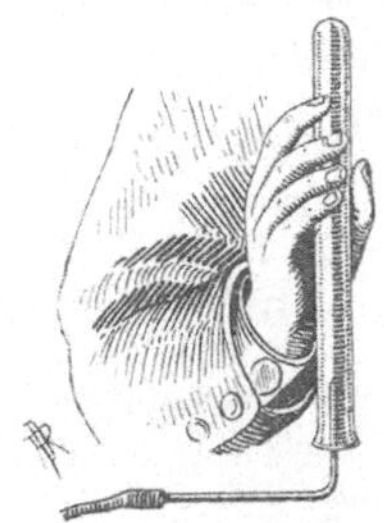

Abb. 34.
Auffangen von Wasserstoff.

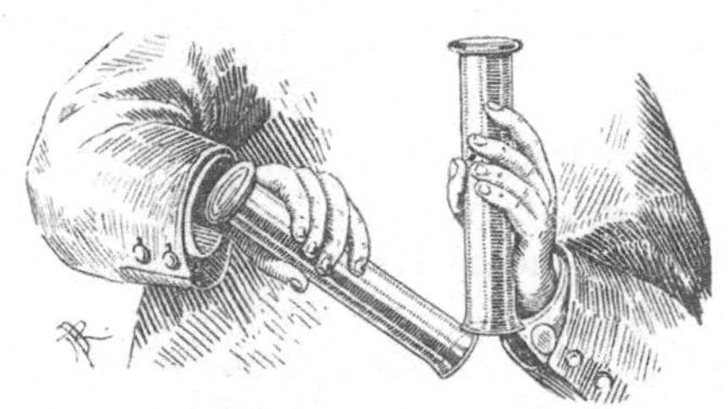

Abb. 35.
Wasserstoff ist leichter als Luft.

Das Gewicht des Wasserstoffes kann in folgender Weise bestimmt werden:

Man wägt einen, wie die Abb. 36 zeigt, vorgerichteten, mit Luft gefüllten Literkolben, verdrängt dann die Luft durch Wasserstoff und wägt wieder. Aus dem Gewichtsunterschied ergibt sich das Litergewicht des Wasserstoffs, wenn das der Luft bekannt ist.

Füllt man einen kleinen Gasauffangzylinder nur zu etwa $\frac{1}{3}$ mit Wasser, verdrängt dann dieses durch Wasserstoff und entzündet das Luft-Wasserstoffgasgemenge, so tritt eine leichte Explosion ein. Heftiger verläuft diese, wenn man einen Zylinder zu $\frac{2}{3}$ mit Wasserstoff und zu $\frac{1}{3}$ mit Sauerstoff füllt und entzündet.

Während reiner Wasserstoff ruhig verbrennt, können die gefährlichsten Zerknallungen eintreten, wenn mit Luft oder Sauerstoff gemischter Wasserstoff entzündet wird. Besonders stark sind dieselben, wenn auf 1 Raumteil Sauerstoff 2 Raumteile Wasserstoff treffen. Man nennt ein solches Gemisch **Knallgas**.

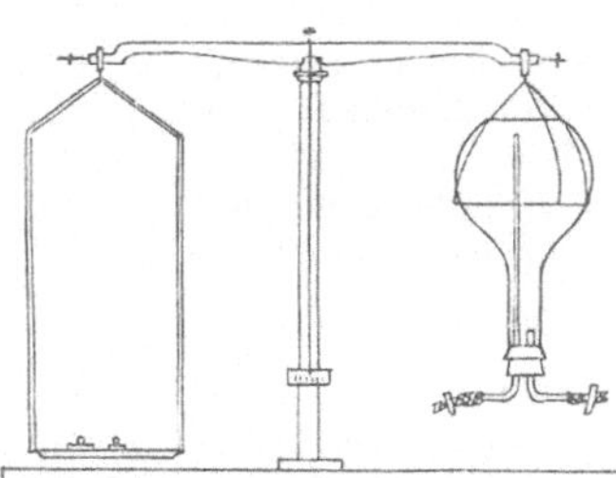

Abb. 36.
Wägung von Wasserstoffgas.

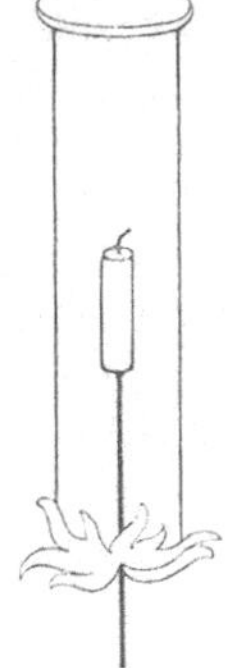

Abb. 37.
Eine Kerzenflamme erlischt im Wasserstoff.

Wasserstoff darf deshalb nur entzündet werden, wenn er nicht mit Sauerstoff oder Luft gemischt ist!! Er ist daher jederzeit vor dem Entzünden zu prüfen, indem er in einem Proberöhrchen aufgefangen und einer Flamme genähert wird; dabei muß er ruhig abbrennen.

Bringt man eine brennende Kerze in einen mit Wasserstoff gefüllten Zylinder, so entzündet sich der Wasserstoff, während die Kerze erlischt, sich aber beim Herausziehen an der Wasserstoffflamme wieder entzündet (Abb. 37).

Die Entzündungstemperatur des Wasserstoffs liegt bei etwa 550°.

Kommt Wasserstoff mit fein verteiltem Platin (Platinschwamm) in Berührung, so verbindet er sich ohne äußere Wärmezufuhr mit Sauerstoff, wobei die Temperatur bis zum Erglühen des Platins und Entzünden des Wasserstoffs gesteigert wird. Das Platin bleibt bei diesem Vorgange chemisch unverändert. Es bewirkt immer wieder die Zündung des Wasserstoffes.

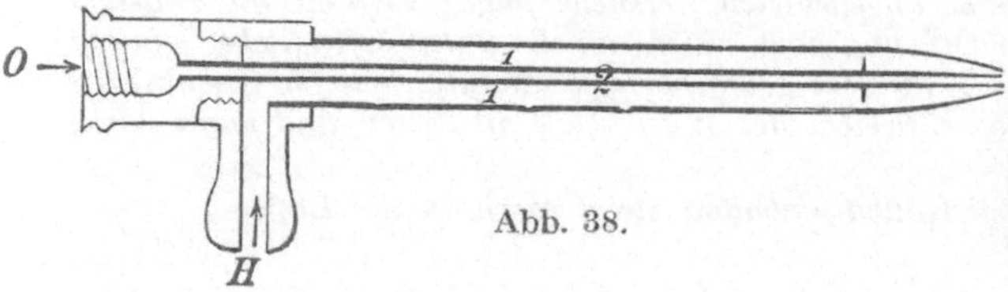

$O \rightarrow$

Abb. 38.

H

Die Wirkung des Platinschwammes nennt man Katalyse; auf ihr beruhen die bekannten Gaszünder.

Hält man in die Wasserstoffflamme einen dünnen Platindraht, so gerät er in lebhaftes Glühen.

Durch die Verbrennung des Wasserstoffes wird eine sehr hohe Temperatur erzeugt; daraus geht hervor, daß bei der Vereinigung von Wasserstoff mit Sauerstoff eine große **Wärmemenge** frei wird.

Bläst man in die Wasserstoffflamme Sauerstoff, so erhält man Temperaturen von mehr als 2000⁰.

Um die hohe Verbrennungstemperatur des Wasserstoffes nutzbar zu machen, verwendet man den **Daniellschen Hahn** (Abb. 38).

Er besteht aus zwei konzentrischen Röhren, der inneren 2 und der äußeren, weiteren 1. Durch erstere wird Sauerstoff eingeblasen, durch letztere von H aus Wasserstoff eingeleitet. Die Gase können sich also erst an der Mündung des Hahnes vereinigen. Die beim Entzünden entstehende sehr heiße Flamme heißt **Knallgasflamme**.

In der Knallgasflamme schmilzt Platin (Schmelzpunkt 1780⁰), verbrennt eine Stricknadel oder ein dicker Eisendraht; sie wird zum Schmelzen von **Platin**, zum Durchschneiden und Durchbohren und auch zum Zusammenschweißen von Metallen (autogenes Schweißen) benutzt. (Abb. 39.)

Abb. 39. Autogene Schweißung (Aus den „Dräger-Heften").

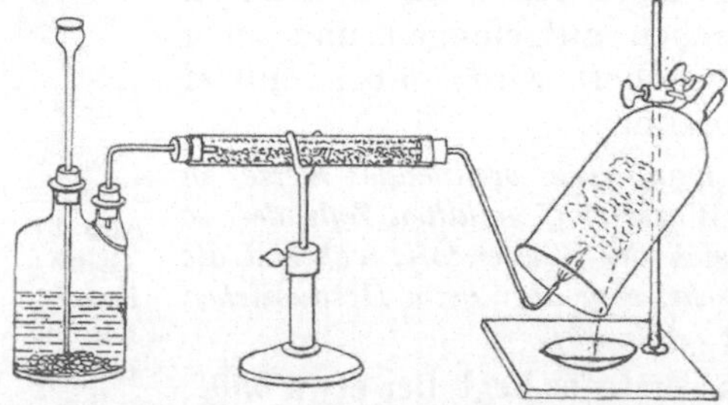

Abb. 40. Bildung von Wasser durch Verbrennung von Wasserstoff.

Läßt man Wasserstoff, der mit Hilfe einer Trockenröhre von Feuchtigkeit befreit wurde, nach Abb. 40 unter einer Glasglocke brennen, so beschlägt sich diese mit Wasser.

Bei der Verbrennung von Wasserstoff entsteht Wasserdampf, der sich durch Abkühlung zu flüssigem Wasser verdichten läßt.

Demnach ist das Wasser eine Verbindung von Wasserstoff und Sauerstoff.

Geschichtliches. Der Wasserstoff war schon im 16. Jahrhundert als „brennbare Luft" bekannt. Bei der Erklärung, wie das brennbare Gas durch Einwirkung von Zink auf Säuren entstehen kann, scheiterte Lavoisier, da er die Säuren nur für Oxyde hielt. „Schwefeloxyd" + Zink und „Phosphoroxyd" + Zink könnten aber unmöglich dasselbe brennbare Gas liefern. Erst als Cavendish 1781 gezeigt hatte, daß das fragliche Gas bei der Verbrennung Wasser lieferte, fand Lavoisier den richtigen Zusammenhang. Er erkannte nun den Wasserstoff als Bestandteil des Wassers und die Säuren als wasserstoffhaltige Stoffe. Von ihm stammt auch der wissenschaftliche Name Hydrogenium (griech. hydor = Wasser, gennaein = erzeugen).

Den ersten mit Wasserstoffgas gefüllten Ballon ließ der Physiker Charles 1783 steigen. Wegen der ungeheuren Kosten, welche damals die Füllung mit Wasserstoff verursachte, kam man davon wieder ab. (Später wurden die Ballons mit Leuchtgas gefüllt.) Zur Füllung der großen Zeppelinluftschiffe benutzt man wieder Wasserstoff, der heute ziemlich billig gewonnen wird.

§ 13. Reduktion.

Bei der Vereinigung von Eisen mit Schwefel und bei den Verbrennungsvorgängen beobachteten wir lebhafte Wärmeentwicklung. Diese ist eine Folge der chemischen Vereinigung und entspricht einer bestimmten Menge von Energie, welche den sich verbindenden Stoffen innewohnt und sich als chemisches Vereinigungsbestreben oder chemische Anziehungskraft äußert.

Wenn zwei Stoffe sich unter bedeutender Energieentwicklung vereinigen, so sagt man, daß sie eine große chemische Anziehungskraft zueinander haben. Aus der hohen Verbrennungswärme des Wasserstoffes schließen wir, daß dieser eine besonders große Verbindungsneigung zu Sauerstoff besitzt. Es ist daher naheliegend, zu untersuchen, ob es möglich ist, mit Hilfe des Wasserstoffes den Sauerstoff aus Oxyden herauszuholen.

Leitet man getrockneten Wasserstoff durch eine mit schwarzem Kupferoxyd beschickte Glasröhre (Abb. 41) und erhitzt diese, so verwandelt sich das Oxyd allmählich in rotes Kupfer, während sich im kälteren Teil der Röhre Wasser ansammelt. Durch vorsichtiges Erwärmen der ganzen Röhre wird schließlich alles Wasser in die U-Röhre getrieben, wo es durch Chlorcalcium festgehalten wird.

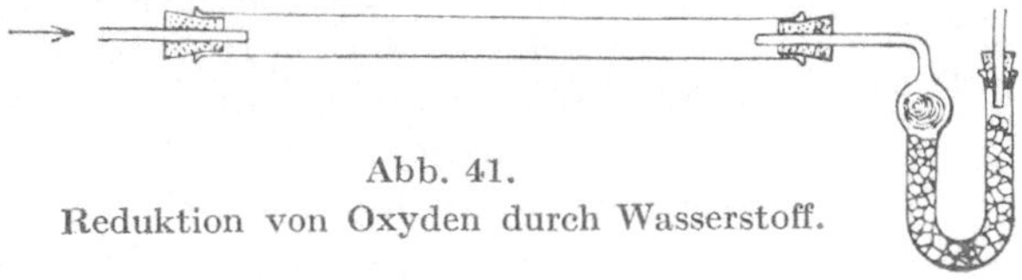

Da Kupferoxyd eine Verbindung von Kupfer und Sauerstoff ist, so muß sich bei diesem Vorgang der Wasserstoff mit dem Sauerstoff des Oxydes verbunden haben.

Abb. 41.
Reduktion von Oxyden durch Wasserstoff.

Kupferoxyd + Wasserstoff → Kupfer + Wasser

Durch Wägungen vor und nach dem Versuch läßt sich feststellen, daß z. B. aus 40 g Kupferoxyd 32 g Kupfer entstehen, während gleichzeitig 9 g Wasser gebildet werden.

Daraus folgt:

Im Wasser ist 1 g Wasserstoff mit 8 g Sauerstoff verbunden.

Auch anderen Metalloxyden, z. B. Eisenoxyd, Bleioxyd, vermag der Wasserstoff bei höherer Temperatur den Sauerstoff zu entziehen, wodurch die betreffenden Metalle gebildet werden.

> Die Wegnahme von Sauerstoff aus Verbindungen durch die Einwirkung eines anderen Stoffes, z. B. Wasserstoff, wird als **Reduktion** bezeichnet.
> Oxydation und Reduktion sind entgegengesetzte Vorgänge.

Die Reduktion spielt eine wichtige Rolle bei der Gewinnung der meisten Gebrauchsmetalle. Die Rohstoffe hierfür sind die Oxyde der betreffenden Metalle, welche teils als Erze vorkommen, teils aus den Erzen durch einen vorbereitenden Vorgang gebildet werden. Als Reduktionsmittel verwendet der Hüttenmann Kohle.

Wird ein inniges Gemenge von 1 g Kupferoxyd mit 0,1 g Holzkohlenpulver im trockenen Proberohr, auf dessen Mündung ein Kork mit Glasrohr gesetzt ist, kräftig erhitzt, so entweicht ein Gas, welches eine in einem Zylinder brennende Kerzenflamme auslöscht; das schwarze Kupferoxyd verwandelt sich in rotes Kupfer.

Die Reduktion des Kupferoxydes durch Kohle verläuft nach dem Schema:

$$\text{Kupferoxyd} + \text{Kohle} \longrightarrow \text{Kupfer} + \text{Kohlendioxyd.}$$

Aufgaben: 1. Welche Beobachtungen lassen auf die Zusammensetzung des Wassers schließen? — 2. Woraus schließen wir, daß im Kupferoxyd, Eisenoxyd, Bleioxyd die betreffenden Metalle mit Sauerstoff verbunden sind? — 3. Drücke die Zusammensetzung des Wassers in Prozenten aus! — 4. Weshalb kann der im Wasser gebundene Sauerstoff nicht geatmet werden? — 5. Was schließt du aus der Fähigkeit der Kohle, gewissen Metalloxyden den Sauerstoff zu entziehen?

§ 14. Das Gesetz der festen Gewichtsverhältnisse.

1. Erhitzt man genau abgewogene Mengen reines Quecksilberoxyd bis zur vollständigen Zersetzung und wägt das im Rohr zurückbleibende Quecksilber, so ergibt die Umrechnung auf 100 g Oxyd jedesmal rund 92,5 % Quecksilber und 7,5 % Sauerstoff. Das Quecksilberoxyd enthält also die Elemente Quecksilber und Sauerstoff stets im Gewichtsverhältnis 92,5 : 7,5 oder 100 : 8.

2. Sooft die in § 13 beschriebene quantitative Reduktion von reinem schwarzen Kupferoxyd mittels Wasserstoff sorgfältig durchgeführt wird, erhält man das Ergebnis, daß im Kupferoxyd rund 32 g Kupfer mit 8 g Sauerstoff und im Wasser 1 g Wasserstoff mit 8 g Sauerstoff verbunden sind.

3. Das Mengenverhältnis der beiden Elemente des Wassers wird auch durch seine Zerlegung mittels des elektrischen Stromes in dem durch Abb. 42 dargestellten Apparat veranschaulicht.

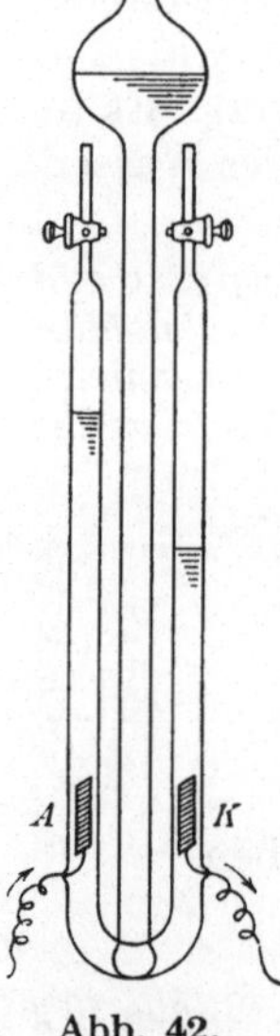

Abb. 42.
Wasserzersetzung.
$A = +$-Pol
$K = -$-Pol

Die dreischenkelige Röhre enthält mit Schwefelsäure versetztes Wasser. Die zwei gleichgroßen Schenkel sind durch Hähne verschlossen. *A* und *K* sind zwei dünne Platinbleche, die mit der Stromquelle verbunden sind; sie werden als Anode ($+$-Pol) und Kathode ($-$-Pol) bezeichnet.

Nach längerem Stromdurchgang hat sich über der Kathode zweimal soviel Gas angesammelt als über der Anode. Das erstere Gas ist **Wasserstoff**, das andere **Sauerstoff**.

Wasserstoff und Sauerstoff treten bei der Zersetzung des Wassers stets im Raumverhältnis 2:1 auf. Da 1 Liter Wasserstoffgas 0,09 g, 1 Liter Sauerstoffgas aber 1,43 g wiegt, so folgt aus dem Raumverhältnis 2:1 das Gewichtsverhältnis 2 · 0,09:1,43 oder 1:8.

Wo immer der Verlauf chemischer Vorgänge an **reinen** Stoffen durch Vornahme von **Wägungen oder Messungen** untersucht wurde, haben sich wichtige **Gesetzmäßigkeiten** ergeben.

Sowohl die Bildung einer Verbindung aus einfacheren Stoffen, wie die Zersetzung in ihre Bestandteile erfolgt nach **bestimmten, unabänderlichen Gewichtsverhältnissen.**

§ 15. Die Lehre von den Atomen und Molekeln.

Die merkwürdigen chemischen Gewichtsgesetze finden ihre Erklärung in der zu Anfang des 19. Jahrhunderts von dem Engländer Dalton aufgestellten Atomlehre:

Jedes Element besteht aus sehr kleinen unter sich gleichen, nicht weiter zerlegbaren Teilchen, den **Atomen.** (Von atomos, grch., = unteilbar). Jedes Atom hat ein bestimmtes Gewicht; und zwar haben die Atome ein und desselben Elementes gleiches Gewicht, die Atome verschiedener Elemente verschiedenes Gewicht.

Durch Vereinigung zweier oder mehrerer Atome entsteht eine **Molekel** (von molekula, grch., = kleine Masse); und zwar durch Vereinigung gleicher Atome eine Molekel eines Elementes, durch Vereinigung verschiedener Atome eine Molekel einer Verbindung. Die Molekeln sind die kleinsten, frei bestehenden Teilchen der Stoffe. Sie sind so klein, daß sie auch mit dem besten Mikroskop nicht gesehen werden können. Jedes Stäubchen in der Luft besteht noch aus einer riesigen Zahl von Molekeln.

Zwischen den Molekeln muß man Zwischenräume annehmen, welche bei festen und flüssigen Stoffen äußerst klein, bei den Gasen aber im Verhältnis zur Größe der Molekel sehr groß sind. Wird auf ein Gas ein Druck ausgeübt, so werden die Molekeln einander genähert, das Volumen des Gases wird dadurch kleiner; bei Verminderung des Druckes werden die Abstände wieder größer, das Gas dehnt sich aus. Ähnliche Veränderungen finden beim Abkühlen und Erwärmen eines Gases statt.

Die Molekeln der Gase sind in beständiger Bewegung, prallen aneinander und an die Wandungen des Gefäßes, in dem das Gas eingeschlossen ist, und werden gleich elastischen Kugeln wieder zurückgeworfen. Der von den Gasen ausgeübte Druck wird durch den Anprall der Molekeln an die Gefäßwandungen hervorgebracht. Die Stöße der Gasmolekeln sind so außerordentlich zahlreich, daß sie nicht wie einzelne Stöße wirken, sondern wie ein ununterbrochener Druck.

Avogadros Gesetz. Aus der Tatsache, daß sämtliche Gase gegen Druckerhöhung und Wärmezufuhr im allgemeinen ein gleiches Verhalten zeigen, sowie aus anderen Beobachtungen, die hier nicht weiter auseinandergesetzt werden können, leitete der italienische Physiker Avogadro 1811 ein Gesetz von grundlegender Bedeutung ab. Es lautet:

Gleiche Räume von Gasen enthalten bei gleichem Druck und gleicher Temperatur eine gleich große Anzahl von Molekeln.

1 l Wasserstoff enthält bei derselben Temperatur und demselben Druck ebenso viele Molekeln wie 1 l Sauerstoff.

Litergewicht der Gase. Das Litergewicht von Gasen wird in der bei Wasserstoff beschriebenen Weise bestimmt. Von unzersetzt flüchtigen Stoffen erfährt man das Litergewicht des Dampfes, wenn man eine abgewogene Menge derselben verdampft und den Raum des gebildeten Dampfes mißt.

Zum Vergleich der Litergewichte verschiedener Gase und Dämpfe werden die gefundenen Zahlen auf 760 mm und 0^{0} umgerechnet.

Es wiegen (auf zwei Dezimalstellen abgerundet):

$$1 \text{ l Wasserstoff} \quad 0,09 \text{ g}$$
$$1 \text{ l Sauerstoff} \quad 1,43 \text{ g}$$
$$1 \text{ l Wasserdampf} \; 0,81 \text{ g}.$$

Die Litergewichte der drei Gase verhalten sich annähernd wie $1 : 16 : 9$, d. h. 1 l Sauerstoff wiegt rund 16 mal, 1 l Wasserdampf 9 mal soviel wie 1 l Wasserstoff.

Da nach dem Satz von Avogadro alle Gase in gleichen Raumteilen gleich viel Molekeln enthalten, so muß also auch 1 Molekel Sauerstoff 16 mal, 1 Molekel Wasser 9 mal schwerer sein als 1 Molekel Wasserstoff.

Molekulargewicht. Früher wurde die Wasserstoffmolekel als die leichteste zur Gewichtseinheit gewählt. Heute dient als Maß die Sauerstoffmolekel, deren Gewicht durch die Zahl 32 ausgedrückt wird.

Aus dem Litergewicht (L.-G.) eines Gases erhält man das auf Sauerstoff bezogene Molekulargewicht (M) nach folgender Proportion:

$$\text{L.-G.} : 1,429 = \text{M} : 32.$$

Die so gefundenen Molekulargewichte sind nur Verhältniszahlen, daher ohne Benennung. Sie geben an, wie schwer die Molekel eines Stoffes ist im Vergleich zur Sauerstoffmolekel, diese $= 32$ gesetzt.
Die dem Molekulargewicht in g entsprechende Menge eines Stoffes nennt man sein **Molargewicht** oder abgekürzt sein **Mol.**

$$1 \text{ Mol Sauerstoff} \quad = 32 \text{ g Sauerstoff}$$
$$1 \text{ Mol Wasserstoff} = \quad 2,016 \text{ g Wasserstoff, abgerundet 2 g}$$
$$1 \text{ Mol Wasser} \quad\quad = 18,016 \text{ g Wasser, abgerundet 18 g}.$$

Das Molarvolumen. Dasjenige Volumen, welches 1 Mol eines Gases bei 0^{0} und 760 mm Druck einnimmt, wird als **Molarvolumen** bezeichnet.

Beispiele: Das Molarvolumen von

$$\text{Sauerstoff} \quad = 32 \quad\quad : 1,429 = 22,4 \text{ l}$$
$$\text{Wasserstoff} = \; 2,016 : 0,09 \; = 22,4 \text{ l}.$$

Das Molarvolumen ist für alle Gase dieselbe Größe $= 22,4$ l.

Diese Zahl ist bei den Arbeiten mit Gasen und Dämpfen von Wichtigkeit. Sooft von einem Gas 1 Mol entsteht, haben wir 22,4 l desselben (bei 0° und 760 mm).

‖ Das Litergewicht eines Gases mal 22,4 = das Molargewicht.

Atomgewicht. Da das Mol des Wassers 18 g wiegt, so müssen in 1 Wassermolekel 2 Gew.-Teile Wasserstoff mit 16 Gew.-Teilen Sauerstoff verbunden sein. Bis jetzt ist keine Verbindung bekannt geworden, welche im Mol weniger als 16 g Sauerstoff enthält. Die Zahl 16 nennt man das **Verbindungs-gewicht** des Sauerstoffs.

‖ Das Verbindungsgewicht ist die kleinste Menge eines Elementes, welche im Mol seiner Verbindungen vorkommt; es entspricht dem Atomgewicht des Elementes.

Da das Atomgewicht des Sauerstoffs die Hälfte seines Molekulargewichtes ausmacht, so ist anzunehmen, daß die Sauerstoffmolekel aus 2 Atomen besteht. Beim Eintritt in Verbindungen spaltet sich die Sauerstoffmolekel in ihre 2 Atome.

Im Mol des Wassers erscheinen 2 g Wasserstoff, doch kennt man auch Verbindungen, deren Mol nur 1 g Wasserstoff enthält; da das Molekulargewicht des Wasserstoffs = 2, so ist man zur Annahme gezwungen, daß auch die Wasserstoffmolekel aus 2 Atomen besteht.

Nach obigem besteht

1 Molekel Wasser aus 2 At. Wasserstoff und 1 At. Sauerstoff.

Im Kupferoxyd sind 16 g Sauerstoff mit 64 g Kupfer verbunden. Da bis jetzt keine Kupferverbindung bekannt geworden ist, deren Molekulargewicht weniger als 64 Gewichtsteile enthält, so betrachtet man 64 als das Atomgewicht des Kupfers. In der Molekel Kupferoxyd kommt also auf 1 Atom Kupfer 1 Atom Sauerstoff.

Die Zersetzung des Quecksilberoxyds ergab, daß darin 16 g Sauerstoff mit 200 g Quecksilber verbunden sind. Da als Atomgewicht des Quecksilbers 200 gefunden wurde, so nimmt man auch für die Quecksilberoxydmolekel an, daß sie aus je 1 Atom Quecksilber und Sauerstoff zusammengesetzt ist.

Einzelne Elemente können sich auch in mehrfachen Verhältnissen miteinander verbinden. So ist vom Kupfer außer dem schwarzen Oxyd, in welchem 1 Atom Kupfer mit 1 Atom Sauerstoff verbunden ist, noch ein Oxyd bekannt, welches ein gelbrotes, kristallinisches Pulver darstellt. Dieses enthält auf 1 Atomgewicht Sauerstoff 2 Atomgewichte Kupfer, was durch die Reduktion mit Wasserstoff in der bekannten Weise ermittelt wurde.

Das Gesetz der feststehenden Gewichtsverhältnisse können wir nunmehr in folgender Weise ausdrücken:

‖ Die Elemente verbinden sich im einfachen oder mehrfachen Verhältnis ihrer Atomgewichte.

§ 16. Die chemische Zeichensprache.

Symbole. Um die chemischen Prozesse in einfacherer Weise auszudrücken. wurde für jedes Element ein besonderes Zeichen oder ein sogenanntes Symbol gewählt. Diese Symbole sind die Anfangsbuchstaben der lateinischen oder griechischen Namen der Elemente. Beginnen die Namen zweier Elemente mit dem gleichen Buchstaben, so wird für das Symbol des einen noch ein zweiter Buchstabe hinzugenommen. So ist das Symbol für Sauerstoff O von Oxygenium, für Schwefel S von Sulfur, für Wasserstoff H von Hydrogenium, für Quecksilber Hg von Hydrargyrum, für Eisen Fe von Ferrum usw.

‖ Ein Symbol bedeutet zugleich auch 1 Atom und damit eine bestimmte Gewichtsmenge des betreffenden Elementes.

H heißt daher 1 Atom Wasserstoff, Fe 1 Atom Eisen. Sind in einer Molekel mehrere Atome eines Elementes enthalten, so wird die betreffende Zahl unten rechts an das Symbol geschrieben.

H_2 heißt daher 2 Atome Wasserstoff, enthalten in einer Molekel; O_2 bedeutet 2 Atome Sauerstoff, enthalten in einer Molekel.

Um auszudrücken, daß zwei Elemente miteinander verbunden sind, werden ihre Symbole nebeneinander geschrieben. Z. B. HgO = 1 Molekel Quecksilberoxyd; CuO = 1 Molekel Kupferoxyd; H_2O = 1 Molekel Wasser.

‖ Das Symbol einer Verbindung wird als Formel bezeichnet.

Chemische Gleichungen. Sind bei einem chemischen Prozeß Zusammensetzung und Mengenverhältnisse der an dem Vorgang beteiligten Stoffe bekannt, so kann man denselben mit Hilfe der Formeln veranschaulichen, indem man die vor der Veränderung vorhandenen Stoffe auf die linke Seite, das Ergebnis auf die rechte Seite einer Gleichung schreibt. In einer solchen chemischen Gleichung muß links und rechts dieselbe Anzahl der betreffenden Atome vorkommen.

Die Zersetzung des Quecksilberoxyds kann in nachstehender Weise ausgedrückt werden: $HgO \rightarrow Hg + O$.

Der Ausdruck „Gleichung" bezieht sich nur auf die Gewichtsmengen zu beiden Seiten; die Stoffe auf beiden Seiten sind durchaus nicht gleich.

Stöchiometrie. Auf Grund der Verbindungsgesetze ist es uns nun möglich, verschiedene Berechnungen auszuführen, z. B. wieviel Gew.-Teile eines bestimmten Elementes aus einer gegebenen Menge einer Verbindung erhalten werden. Solche Berechnungen bezeichnet man als Stöchiometrie (stoicheion, gr., = Bestandteil oder Element).

Z. B. wieviel g Sauerstoff können aus 50 g Quecksilberoxyd gewonnen werden?

Gemäß der Gleichung $HgO \rightarrow Hg + O$ geben je 216 g Quecksilberoxyd 16 g Sauerstoff, daher gilt die Proportion:

$$216 : 16 = 50 : x$$

$$x = \frac{800}{216} = 3{,}70 \text{ g Sauerstoff.}$$

In ähnlicher Weise hätte die Menge des Quecksilbers berechnet werden können, oder man könnte aus obiger Reaktionsgleichung auch die Menge des Quecksilberoxydes berechnen, die aus einer bestimmten Menge Quecksilber entsteht.

‖ Die chemischen Gleichungen sind aber nicht allein Gewichtsgleichungen, sondern drücken auch Volumbeziehungen aus, wo Gase in Reaktion treten oder gebildet werden; denn jedem Mol eines Gases entsprechen 22,4 l.

Beispiel: Durch die Gleichung $O_2 + 2H_2 \rightarrow 2H_2O$ ist ausgedrückt:

1. daß sich 32 g Sauerstoff mit 4 g Wasserstoff zu 36 g Wasser verbinden; 2. daß durch Vereinigung von 22,4 l Sauerstoff mit $2 \cdot 22,4$ l Wasserstoff nur $2 \cdot 22,4$ l Wasserdampf entstehen.

§ 17. Der Schwefel (Sulfur).

Vorkommen und Gewinnung. Schon im frühesten Altertum war der Schwefel den Völkern der Mittelmeerländer wohlbekannt. Er findet sich vorwiegend in vulkanischen Gegenden in jüngeren Schichten der Erde, gewöhnlich von Kalkstein, Gips und Ton begleitet. Häufig beobachtet man Schwefel an und in den Kratern erloschener und tätiger Vulkane sowie als Absatz heißer Quellen, welche Gase und Dämpfe ausstoßen.

Bedeutende Schwefellager besitzt Sizilien, das fast ganz Europa mit Schwefel versorgt; kleinere Mengen liefern das festländische Italien, Spanien, Sibirien, Japan, Mexiko; ein sehr großes Lager wird seit 20 Jahren in Louisiana (Nordamerika) ausgebeutet.

Der aus dem Gestein ausgeschmolzene Schwefel wird zur Reinigung destilliert (Abb. 43). Der Rohschwefel wird in dem Kessel D durch die abziehenden Feuergase geschmolzen; nachdem er hier eine Läuterung durchgemacht hat, läßt man ihn durch die Röhre F in die Retorte B fließen. Diese wird so stark erhitzt, daß der Schwefel sich in Dampf verwandelt, der in die Kammer G gelangt. Die durch den Schwefeldampf verdrängte Luft entweicht durch eine mit Ventil verschlossene Öffnung an der Decke. Solange die Temperatur der Kammer unter dem Schmelzpunkt des Schwefels gehalten wird, verdichtet sich der Schwefeldampf unmittelbar zu festem Schwefelschnee, der als „Schwefelblume" in den Handel kommt. Steigt die Temperatur in der Kammer, so sammelt sich der Schwefel in flüssiger Form auf ihrem Boden und fließt durch eine Abstichöffnung in den erwärmten Behälter H. Von hier aus wird er in Stangenformen aus Holz, welche in dem Drehkübel M stehen, gegossen (Stangenschwefel).

Eigenschaften. Der natürliche Schwefel bildet oft schöne, durchscheinende, wachsglänzende Kristalle von eigentümlicher, an Honig erinnernde Farbe, die meistens in

Abb. 43. Reinigung des Rohschwefels durch Destillation.

Gruppen verwachsen sind. Die Kristalle gehören dem rhombischen System an. Der käufliche Stangenschwefel ist undurchsichtig und heller gelb als der natürliche Schwefel. Sein Verhalten in der Hitze haben wir früher schon (§ 2) kennengelernt.

In Wasser ist Schwefel unlöslich, leicht löst er sich in Schwefelkohlenstoff (eine flüchtige, feuergefährliche Flüssigkeit). Läßt man die Lösung an einem kühlen Platz langsam verdunsten, so hinterbleiben glänzende, durchsichtige, gelbe Kristalle, die aus zwei vierseitigen Pyramiden von rhombischem Querschnitt bestehen (Abb. 44).

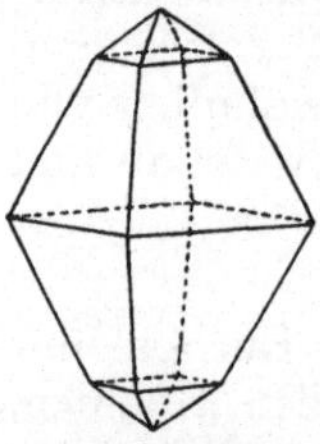

Die beim langsamen Erstarren des Schwefels entstehenden prismatischen Kristalle sind durchaus verschieden von den natürlichen und aus der Lösung erhaltenen.

Erhitzt man Schwefel zum Sieden und gießt ihn dann rasch in Wasser, so erhält man eine bräunliche, knetbare Masse, sog. plastischen oder amorphen Schwefel.

Beim Aufbewahren bei gewöhnlicher Temperatur gehen prismatischer und amorpher Schwefel in den gewöhnlichen rhombischen Schwefel über; sie nehmen Farbe, Sprödigkeit, Härte des rhombischen Schwefels wieder an, wenn sie auch ihre äußere Gestalt beibehalten.

Abb. 44.
Rhombischer
Schwefelkristall.

Anwendung. Seiner leichten Entzündbarkeit wegen verwendet man Schwefel zu den gewöhnlichen Zündhölzern und zum schwarzen Schießpulver. Ferner benutzt man ihn zur Verhütung des Rebenmeltaus, indem man die Rebenstöcke mit Schwefelpulver bestreut, zur Herstellung verschiedener Schwefelverbindungen, besonders zur Gewinnung von Schwefeldioxyd, Zinnober, Schwefelkohlenstoff und zum Vulkanisieren des Kautschuks. (Dieser wird mit Schwefel vermengt und erhitzt). Der vulkanisierte Kautschuk ist auch bei niederer Temperatur elastisch.

§ 18. Sulfide.

Wie wir in § 6 erfuhren, vereinigen sich Eisen und Schwefel, wenn die beiden Elemente im Verhältnis 7 : 4, d. h. im Verhältnis ihrer Atomgewichte gemengt wurden, beim Entzünden lebhaft unter Feuererscheinung. Die Verbindung hat die Formel FeS.

Auch Kupfer vereinigt sich mit Schwefel unter Erglühen, wenn man einen dünnen Kupferblechstreifen in Schwefeldampf einführt. Es entsteht blauschwarzes Kupfersulfid Cu_2S. 1,28 g Kupfer ergeben 1,6 g Sulfid.

Mischt man Zinkpulver mit Schwefelblumen im Verhältnis der Atomgewichte oder annähernd 2 : 1 und entzündet, so erfolgt die Vereinigung der beiden Elemente unter hellem Aufleuchten, Entwicklung einer Rauchwolke und starker Volumvergrößerung. Das lockere, gelblichweiße Reaktionsprodukt ist Zinksulfid ZnS.

Läßt man in einem blanken Silberlöffel ein Stückchen Schwefel 1 bis 2 Tage liegen, so entsteht ein brauner Fleck von Silbersulfid.

Schwefel vereinigt sich mit den Metallen meist sehr leicht, oft unter Entwicklung einer großen Menge Wärme (Energie). Die Verbindungen des Schwefels mit einem Element heißen Sulfide.

Sulfide finden sich auch in der Natur und bilden wichtige Mineralien. Ein Eisensulfid von der Formel FeS_2 ist der messinggelbe, glänzende Eisenkies oder Schwefelkies. Er kristallisiert in Würfeln und Pentagondodekaedern (die vollkommen ausgebildeten Kristalle sind von 12 Fünfecken oder Pentagonen begrenzt) und ist so hart, daß er am Stahl Funken gibt (gleich

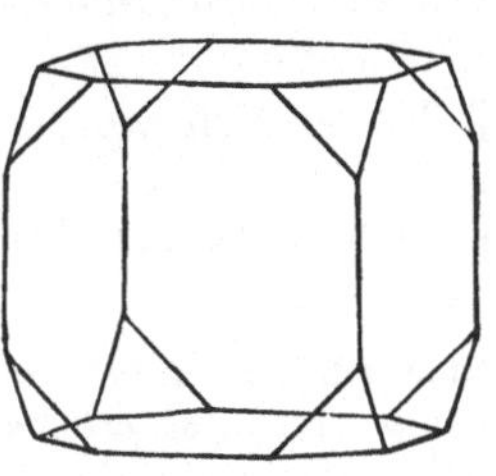

dem Kiesel, daher der Name Kies und die Bezeichnung Pyrit (von griech. pyr = Feuer).

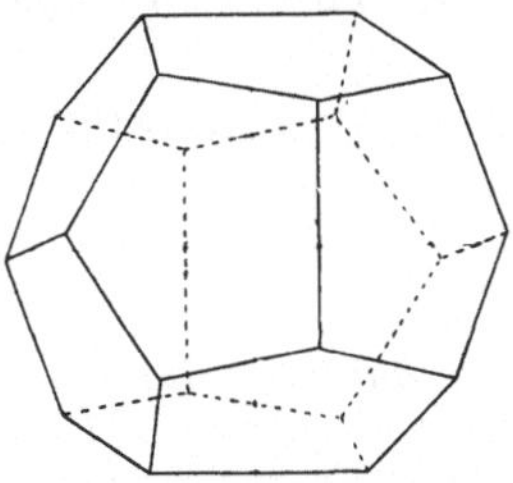

Dem Eisenkies sehr ähnlich ist der Kupferkies, ein wichtiges Kupfererz. Er unterscheidet sich von dem ersteren durch geringere Härte; sein grünliches Gelb geht oft in bunte Anlauffarben über. Er bildet gewöhnlich kristallinische Massen, seltener keil- oder pyramidenförmige Kristalle. Seine Zusammensetzung drückt die Formel $CuFeS_2$ aus.

Abb. 45. Eisenkies (Pentagondodekaeder).

Abb. 46. Bleiglanzkristall.

Bleisulfid, PbS, bildet den durch blaugraue Farbe, metallischen Glanz und hohes Eigengew. an Blei erinnernden Bleiglanz. Er kristallisiert in Würfeln, deren Ecken oft durch Oktaederflächen ersetzt sind, und zerspringt beim Zerklopfen in Würfelchen. Er ist das wichtigste Bleierz und enthält fast immer etwas Silbersulfid.

Eine häufige Begleiterin des Bleiglanzes ist die lebhaft glänzende Zinkblende, ZnS, ein wichtiges Zinkerz. Sie ist im reinen Zustande farblos, meist aber durch Beimengungen mehr oder weniger dunkel gefärbt.

Das natürliche Quecksilbersulfid, HgS, ist der Zinnober; er kommt dicht und strahlig kristallinisch vor; sein Pulver ist rot.

§ 19. Schwefeldioxyd.

Verbrennt man ein erbsengroßes Stückchen Schwefel in dem mit Manometer versehenen Kolben, Abb. 47, so zeigt sich nach dem Erkalten, daß durch die Verbrennung das Gasvolumen nicht geändert wurde. Daraus geht hervor, daß das gasförmige Verbrennungsprodukt des Schwefels den gleichen Raum einnimmt wie der verbrauchte Sauerstoff.

Das besagt, daß die Zahl der Gasmolekeln bei der Vereinigung des Schwefels mit Sauerstoff dieselbe bleibt; aus jeder Sauerstoffmolekel, die sich mit Schwefel verbindet, muß 1 Molekel des Verbrennungsproduktes entstanden sein:

$$S + O_2 \rightarrow SO_2.$$

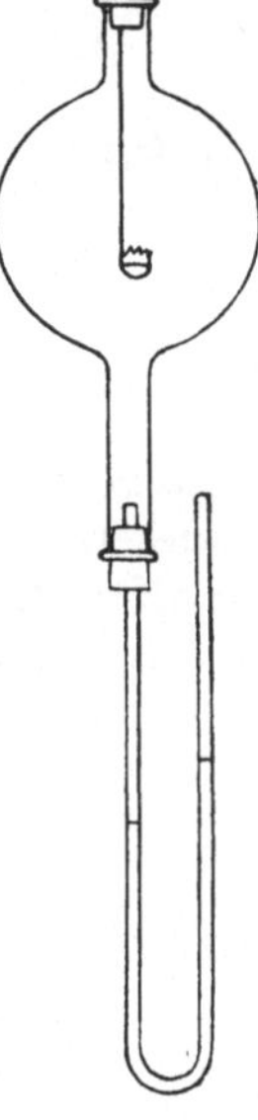

Abb. 47. Verbrennung von Schwefel in Luft. Das Quecksilber im Manometer zeigt nach dem Erkalten den ursprünglichen Stand.

Nach der Formel SO_2 wird die Verbindung Schwefeldioxyd genannt.

Da 1 l Schwefeldioxyd 2,86 g, 1 l Sauerstoff 1,43 g wiegt, so sind 1,43 g Sauerstoff mit 1,43 g Schwefel oder 1 Mol Sauerstoff (32 g) mit 32 g Schwefel verbunden. Da 32 das Atomgewicht des Schwefels ist, so ist in der Tat SO_2 die Molekularformel des Schwefeldioxyds.

Große Mengen Schwefeldioxyd werden bei der Verhüttung schwefelhaltiger Erze gewonnen.

Erhitzt man gepulverten Eisenkies in einem Porzellanschiffchen, das in eine Röhre aus Hartglas geschoben wurde, mit kräftiger Flamme, während gleichzeitig Luft darüber geleitet wird, so verbrennt das Mineral. Es entweicht Schwefeldioxyd, das in einem Standzylinder aufgefangen wird; im Schiffchen hinterbleibt rotes Eisenoxyd.

Im großen werden die Erze in besonderen Öfen verbrannt („geröstet"). Die Röstgase bestehen hauptsächlich aus Schwefeldioxyd, Stickstoff und überschüssiger Luft; die zurückbleibenden Metalloxyde heißt man das Röstgut.

Eigenschaften. *Senkt man in einen mit Schwefeldioxyd gefüllten Zylinder eine brennende Kerze, so erlischt diese sofort; angefeuchtete Veilchen werden darin weiß; leitet man das Gas in Wasser, so wird dieses sauer.*

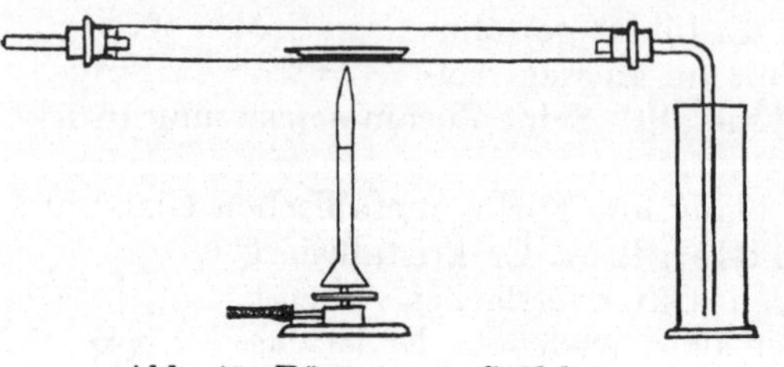

Abb. 48. Rösten von Sulfiden.

Schwefeldioxyd ist ein farbloses, stechend riechendes, giftiges Gas; es unterhält die Verbrennung nicht, bleicht organische Farbstoffe und löst sich reichlich in Wasser. Die Lösung rötet blaues Lackmuspapier und greift Metalle an.

Wirft man in die wässerige Lösung von Schwefeldioxyd ein Stückchen Magnesiumband, so treten daran Wasserstoffbläschen auf und das Metall wird langsam aufgezehrt.

In der wässerigen Lösung des Schwefeldioxyds nimmt man die Verbindung H_2SO_3 an, sie heißt **schweflige Säure**; daneben enthält sie wohl auch **freies** Schwefeldioxyd, da sie danach riecht.

Anwendung. Schwefeldioxyd dient zum Bleichen von Strohwaren, Seide und Badeschwämmen. Für diese Zwecke kommt es, unter Druck verflüssigt, in Stahlflaschen in den Handel; wasserfreies Schwefeldioxyd greift Metalle nicht an. Auf seiner Eigenschaft, niedere Lebewesen (Bakterien, Schimmelpilze, Insekten) zu töten, beruht die Wirkung des „Ausschwefelns" von Weinfässern, Einmachgläsern und Wohnräumen.

§ 20. Schwefelsäure.

Bewahrt man schweflige Säure längere Zeit in offener Flasche auf und sorgt durch häufiges Umschütteln für Durchmischung mit Luft oder leitet man Sauerstoff in die Lösung, so verschwindet nach und nach ihr Schwefeldioxydgeruch; ihre saure Reaktion nimmt jedoch zu.

In Berührung mit Sauerstoff geht schweflige Säure allmählich in **Schwefelsäure** über.

Der Vorgang läßt sich durch folgende Gleichung ausdrücken:

$$H_2SO_3 + O \rightarrow H_2SO_4.$$
Schwefelsäure

Das wichtigste Verfahren zur Gewinnung von Schwefelsäure beruht auf der Fähigkeit der Schwefeldioxydmolekel, besonders leicht in Berührung mit feinverteiltem

Platin noch ein Atom Sauerstoff aufzunehmen und der Vereinigung des so entstehenden Schwefeltrioxydes mit Wasser:

Diese Arbeitsweise führt den Namen Kontaktverfahren (Kontakt = Berührung). (Abb. 49.)

Reine Schwefelsäure bildet eine farb- und geruchlose, ölige Flüssigkeit. Sie zieht mit Begierde Wasser an. Daher benützt man sie zum Trocknen der Luft in abgeschlossenen Räumen und zum Trocknen verschiedener Gase, indem man diese durch Schwefelsäure leitet.

Stellt man ein mit Wasser benetztes Becherglas und ein mit konzentrierter Schwefelsäure gefülltes und gewogenes Schälchen zusammen unter eine Glasglocke, so ist nach einiger Zeit das Becherglas trocken, das Schälchen mit der Säure schwerer geworden.

Wird Holz oder Papier in konzentrierte Schwefelsäure gebracht oder Zucker damit übergossen, so tritt Verkohlung ein, weil diesen aus Kohlen-, Wasser- und Sauerstoff bestehenden Substanzen Wasser- und Sauerstoff, zu Wasser vereinigt, entzogen werden. Staub, der aus der Luft in die Säure fällt, wird ebenfalls geschwärzt, weshalb die Säure des Handels in der Regel bräunlich gefärbt ist.

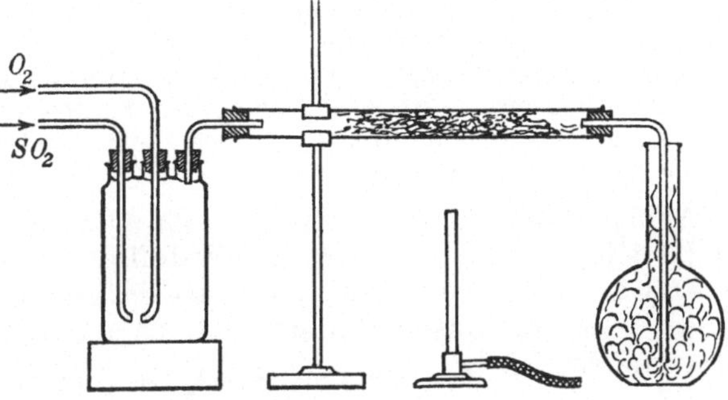

Abb. 49. Darstellung von Schwefeltrioxyd durch Überleiten von Schwefeldioxyd und Sauerstoff über erwärmten Platinasbest.

Bei 338° siedet die Schwefelsäure. Mit Wasser ist sie in allen Verhältnissen mischbar. Dabei tritt starke Temperaturerhöhung und deutliche Volumverminderung ein.

Gießt man in ein Becherglas zu 25 ccm Wasser unter Umrühren 50 ccm konzentrierte Schwefelsäure, so steigt die Temperatur über 100°. Das Volumen der Mischung beträgt nach dem Abkühlen nicht 75, sondern nur etwa 69 ccm.

Wasser und Schwefelsäure müssen so vermengt werden, daß man die Säure langsam unter Umrühren in das Wasser einfließen läßt, nicht umgekehrt. Das Eigengewicht der reinen Schwefelsäure beträgt 1,85. Eine Mischung von Wasser und Schwefelsäure wird daher ein um so höheres Eigengewicht haben, je größer der Gehalt an Schwefelsäure ist.

Verhalten zu Metallen. Trotz ihrer ätzenden Wirkung auf viele Stoffe greift konzentrierte Schwefelsäure die meisten Metalle bei gewöhnlicher Temperatur nur sehr wenig an; daher kann sie in eisernen Behältern versandt werden.

In der Kochhitze wirkt konz. Schwefelsäure auf alle bekannteren Metalle, ausgenommen Gold und Platin, lebhaft ein. Dabei wird sie zu Schwefeldioxyd und Wasser zersetzt.

Wird Kupfer im Reagenzglas mit konzentrierter Schwefelsäure erhitzt, so entweicht Schwefeldioxyd; im oberen, kälteren Teil des Gläschens schlägt sich Wasser nieder und das Metall überzieht sich mit dunklem Oxyd:

$$Cu + H_2SO_4 \rightarrow CuO + SO_2 + H_2O.$$

Ganz anders verhält sich v e r d ü n n t e Schwefelsäure.

Magnesium, Zink, Eisen werden von verdünnter Schwefelsäure rasch unter Wasserstoffentwicklung aufgezehrt. Aus den entstandenen Lösungen erhält man beim Eindunsten kristallisierte Salze.

Magnesium, Zink, Eisen und eine Reihe anderer Metalle verdrängen aus verdünnter Säure den Wasserstoff, indem sie sich mit dem Säurerest verbinden. Die so entstehenden salzartigen Stoffe nennt man **Sulfate**, z. B.:

$$Zn + H_2SO_4 \rightarrow ZnSO_4 + H_2$$
Zinksulfat

$$Mg + H_2SO_4 \rightarrow MgSO_4 + H_2.$$
Magnesiumsulfat

Übergießt man blanke Kupferspäne mit verdünnter Schwefelsäure, so ist, selbst beim Erhitzen, keine Veränderung zu beobachten.

Wird aber schwarzes Kupferoxyd mit der Säure übergossen, so entsteht alsbald (schneller beim Erwärmen) eine blaue Lösung; das Kupferoxyd verschwindet, ohne daß jedoch eine Gasentwicklung stattfindet. Aus der Lösung scheiden sich beim Eindunsten tiefblaue Kristalle von Kupfersulfat aus.

Ähnlich wie Kupfer verhalten sich Quecksilber und eine Reihe anderer Metalle; sie vermögen den Wasserstoff der Säure nicht zu verdrängen. Ihre Oxyde werden aber von der Schwefelsäure in Sulfate verwandelt; hierbei wird der Säurewasserstoff nicht frei, da er sich mit dem Sauerstoff des Oxydes verbindet.

$$CuO + H_2SO_4 \rightarrow CuSO_4 + H_2O$$
$$HgO + H_2SO_4 \rightarrow HgSO_4 + H_2O$$

Das beim Erhitzen von Kupfer mit konz. Schwefelsäure entstehende Kupferoxyd geht deshalb auch in Sulfat über, wenn die Säure im Überschuß vorhanden ist.

Die Sulfate von Zink, Eisen und Kupfer kristallisieren mit Kristallwasser und kommen unter dem Namen V i t r i o l e in den Handel.

Erhitzt man einen Kupfervitriolkristall vorsichtig im waagrecht gehaltenen Reagenzglas, so zerfällt er unter Abgabe von Wasser zu einem weißen Pulver. Läßt man nach dem Erkalten 2—3 Tropfen Wasser auf das Pulver fallen, so nimmt es unter Wärmeentwicklung wieder die blaue Farbe und kristallinische Beschaffenheit an. Daraus folgt:

Das Kristallwasser verbindet sich chemisch mit dem Sulfat und bedingt mit die Kristallform des Vitriols.

Natürliche Sulfate. In größerer Menge findet sich das Calciumsulfat in der Natur. Als $CaSO_4 \cdot 2H_2O$ bildet es den G i p s, der als Gipsspat oder Marienglas in durchsichtigen Tafeln kristallisiert. Als Fasergips bildet er feinfaserige, seidenglänzende Bänder. Ist er körnig, rein weiß und etwas durchscheinend, so heißt er Alabaster (verwendet für kleine Bildhauerarbeiten). Als gewöhnlicher Gipsstein ist er dicht. Er bildet in Thüringen und am Südharz Bergzüge von weißer Farbe.

Abb. 50.
Gipskristall.

Beim Erwärmen verliert der Gips Kristallwasser und heißt dann gebrannter oder Formgips. Wird dieser mit Wasser angerührt, so verbindet er sich wieder unter Wärmeentwicklung damit und verwandelt sich wieder in kristallinischen Gips.

Auf dem Erhärten beim Anrühren mit Wasser beruht die Verwendung von gebranntem Gips zu Gipsabgüssen, Verbänden und Stukkaturarbeiten.

Schüttelt man Gipspulver mit destilliertem Wasser und filtriert nach einiger Zeit, so kann man im Filtrat durch Abdampfen Gips nachweisen.

Gips ist im Wasser ziemlich löslich. Daher ist er oft im Quellwasser enthalten (hartes Wasser).

Ein anderes verbreitetes Sulfatmineral ist der wegen seines hohen Eigengewichtes so benannte **Schwerspat** (,,Spat'' ist eine alte bergmännische Bezeichnung für glasglänzende, leicht spaltbare Mineralien). Schwerspat ist das Sulfat des dem Calcium ähnlichen Metalles Barium. Seine Formel ist $BaSO_4$. Er tritt in tafelförmigen Kristallen, außerdem in kugeligen Massen von weißer, grauer oder rötlicher Farbe auf und dient zur Herstellung anderer Bariumverbindungen. In Wasser ist er unlöslich.

Nachweis. *Fügt man zu Schwefelsäure oder einer Sulfatlösung eine klare Auflösung von Chlorbaryum, so entsteht ein weißer, feinpulveriger Niederschlag von Bariumsulfat. Chlorbarium ist deshalb ein Reagens auf Schwefelsäure und lösliche Sulfate.*
Die Sulfate der Schwermetalle werden durch Hitze in Metalloxyd und Schwefeltrioxyd zersetzt.

Anwendung. Schwefelsäure ist einer der wichtigsten Gebrauchsstoffe der chemischen Industrie. Große Mengen werden z. B. für die Kunstdüngerfabrikation, in den Farb- und Sprengstoffwerken und zum Füllen von Akkumulatoren verbraucht.

Aufgaben: 1. Der beim Rösten von Eisenkies entstehende Glührückstand hat, wie die Reduktion durch Wasserstoff ergab, die Zusammensetzung Fe_2O_3. Stelle demnach die Gleichung für die Oxydation des Eisenkieses auf! — 2. Beim Verbrennen von Bleiglanz und Zinkblende entstehen PbO und ZnO. Wie lauten die Gleichungen für das Rösten dieser Erze? — 3. Berechne das Molekulargewicht der Schwefelsäure aus folgenden Versuchsergebnissen: 1 g Magnesium verdrängt aus verdünnter Säure 920 ccm = 0,082 g Wasserstoff; Abdampfen der Lösung und schwaches Glühen des Rückstandes ergab 4,96 g wasserfreies Sulfat ($Mg = 24,3$). — 4. Gelöschter Kalk und Schwefelsäure setzen sich zu Calciumsulfat um. Gleichung?

Geschichtliches. Schwefel ist schon seit alter Zeit bekannt; man hatte ihm große Bedeutung zugeschrieben. Er wurde als Heilmittel geschätzt. Noch bis gegen Ende des Mittelalters glaubte man, daß fast alle Stoffe, insbesondere die Metalle, Schwefel enthielten. Er spielte neben Quecksilber eine wichtige Rolle bei Versuchen der Alchimisten, unedle Metalle in Gold zu verwandeln. Das Verbrennungsprodukt des Schwefels wurde schon im Altertum zum Konservieren des Weins und zum Bleichen verwendet. Die Araber kannten bereits den bei der Verwitterung von Schwefelkies entstehenden Eisenvitriol und bereiteten aus ihm (durch starkes Erhitzen) Schwefelsäure. Fabrikmäßig wurde die Schwefelsäure zuerst in England in der Mitte des 18. Jahrhunderts gewonnen. Deutschland erzeugte 1913 in 128 Fabriken $1\frac{3}{4}$ Millionen t Schwefelsäure.

§ 21. Säuren, Basen, Salze.

Säuren. Nach den Beobachtungen an der Schwefelsäure sind wir in der Lage, den Begriff Säure bestimmter zu fassen:

Säuren sind Wasserstoffverbindungen, deren wässerige Lösung sauer schmeckt, Lackmus rötet und mit gewissen Metallen Wasserstoff entwickelt.

Basen. *Die Oxyde der Metalle Natrium, Calcium, Magnesium vereinigen sich unter Wärmeentwicklung mit Wasser. Die entstehenden Verbindungen liefern mit viel Wasser Lösungen, welche Lackmus bläuen und einen seifenähnlichen oder laugenartigen Geschmack haben.*

Die Zusammensetzung der Oxyde der Metalle Na, Ca, Mg wird durch die Formeln Na_2O, CaO und MgO ausgedrückt. Durch Vereinigung mit H_2O entstehen daraus die **Hydroxyde**: $NaOH$ = Natriumhydroxyd, $Ca(OH)_2$ = Calciumhydroxyd und $Mg(OH)_2$ = Magnesiumhydroxyd. Die Gruppe OH heißt **Hydroxyl.**

Erhitzt man die Hydroxyde mit Eisenpulver in einem Röhrchen, so entweicht Wasserstoff.

Metallhydroxyde, deren wässerige Lösungen Lackmus bläuen, nennt man **Basen.** Ihre Lösungen werden auch als **Laugen** bezeichnet (Natronlauge); sie besitzen einen ätzenden, seifenähnlichen Geschmack und greifen die Haut an.

*Setzt man zu stark verdünnter Schwefelsäure, welche mit Lackmus rot gefärbt ist, tropfenweise Natronlauge oder Kalkwasser, so tritt einmal der Augenblick ein, wo die Flüssigkeit nicht mehr rot, aber auch noch nicht blau, sondern **violett** ist. Die Lösung ist dann **neutral.***

Der Vorgang heißt **Neutralisation.** Werden die Lösungen eingedampft, so hinterbleiben feste **Salze.**

$$Ca(OH)_2 + H_2SO_4 \rightarrow 2H_2O + CaSO_4$$
$$2\,NaOH + H_2SO_4 \rightarrow 2H_2O + Na_2SO_4$$

Durch Umsetzung zwischen Basen und Säuren entstehen **Salze.** Bei der Neutralisation vereinigt sich der Säurewasserstoff mit dem OH der Basis zu H_2O, das Metall der Basis mit dem Säurerest zum Salz:

Dabei entstehen dieselben Salze wie bei der Umsetzung der betreffenden Metalle und ihrer Oxyde mit der gleichen Säure. Da die Metallhydroxyde im Gegensatz zur Säure nicht flüchtig sind, sah man sie als Grundlage der aus ihnen gebildeten Salze an, daher stammt die Bezeichnung **Basis** (= Grundlage).

Salze. Die Salze werden nach dem Metall und dem Säurerest benannt. Die Salze der Schwefelsäure enthalten den Säurerest SO_4 und heißen Sulfate; die Salze der schwefligen Säure besitzen den Rest SO_3 und werden Sulfite genannt.

§ 22. Schwefelwasserstoff.

Übergießt man Schwefeleisen, FeS, im Reagenzglas mit verdünnter Schwefelsäure, so entwickelt sich alsbald ein nach faulen Eiern riechendes Gas, welches einen mit Bleiessig getränkten Papierstreifen schwärzt. Verschließt man das Glas durch einen Stopfen mit Glasröhrchen, so kann man das Gas leicht entzünden. Es brennt mit blauer, nach Schwefeldioxyd riechender Flamme; hält man dicht über die Flamme ein Becherglas, so beschlägt sich dieses mit Wasser und Schwefel.

Die nach Beendigung der Gasentwicklung im Reagenzglas befindliche Flüssigkeit hat eine grüne Farbe: sie stellt eine Lösung von $FeSO_4$ dar.

Die Wirkung der Säure auf das Schwefeleisen entspricht der Umsetzung zwischen Metalloxyd und Säure: Der Wasserstoff der Säure verbindet sich mit dem S des Sulfids zu Schwefelwasserstoff, während das Metall sich mit dem Säurerest SO_4 vereinigt:

$$FeS + H_2SO_4 \rightarrow H_2S + FeSO_4.$$

Schwefelwasserstoff ist ein farbloses, äußerst unangenehm riechendes, sehr giftiges Gas. Sein Litergewicht = 1,52 g; daraus ergibt sich das Molargewicht 1,52 · 22,4 = 34 g. Dieser Zahl entspricht die Formel H_2S.

Er läßt sich sehr leicht entzünden; seine Verbrennungsprodukte sind H_2O und SO_2.

In Wasser löst sich Schwefelwasserstoff ziemlich leicht; die Lösung besitzt den Geruch des Gases und rötet Lackmuspapier; als Säure gibt sie mit Metallen Salze, d. s. die Sulfide.

Blankes Silber und Kupfer werden von Schwefelwasserstoffwasser geschwärzt.
Bleioxyd wird von der Lösung ebenfalls geschwärzt.
Wenn man Schwefelwasserstoff in eine Lösung eines Bleisalzes, z. B. Bleiessig, leitet, entsteht ein schwarzer Niederschlag. (Mit Bleiessig getränktes Papier dient zum Nachweis von H_2S.)

Aus wässerigen Lösungen der Salze vieler Metalle, z. B. Kupfer, Blei, Zinn, Quecksilber, Wismut, Silber, Gold, Platin, fällt Schwefelwasserstoff die Metalle als Sulfide.

Von den natürlich vorkommenden unterscheiden sich die so erhaltenen Sulfide durch ihren amorphen Zustand.

Beim Stehen an der Luft verliert Schwefelwasserstoffwasser seinen Geruch und wird durch Schwefelausscheidung getrübt (Oxydation durch den Luftsauerstoff).

Aufgaben: 1. Formuliere die Oxydation von Schwefelwasserstoff in wässeriger Lösung durch den Luftsauerstoff! — 2. Wie lautet die Verbrennungsgleichung von H_2S? — 3. $PbO + H_2S \rightarrow \cdots$? — 4. Wie kann die Umsetzung zwischen $CuSO_4$ und H_2S in wässeriger Lösung erkannt werden? — 5. Wie muß die nach völliger Abscheidung des Kupfers (als Sulfid) filtrierte Flüssigkeit aussehen? Was ist darin enthalten? Umsetzungsgleichung?

§ 23. Das Kochsalz.

Vorkommen. Das Kochsalz kommt in großer Menge auf der Erde vor, und zwar gelöst und in festem Zustand als sog. Steinsalz. Das Meerwasser enthält durchschnittlich neben anderen Salzen 2,5 % Kochsalz, die Ostsee nur 1,5 %, manche Seen, z. B. das Tote Meer, erheblich mehr. In geringer Menge ist es fast in jedem Quellwasser gelöst. Quellen mit einem größeren Gehalt an Kochsalz nennt man Solen. Unser Vaterland ist reich an ergiebigen Salzquellen. Ihr Salzgehalt stammt aus unterirdischen salzführenden Schichten, sog. Steinsalzlagern. Salzlager von gewaltiger Ausdehnung und großer Mächtigkeit (bis 1000 m) finden sich in Norddeutschland (Staßfurt und Schöningen bei Magdeburg, Sperenberg bei Berlin); Württemberg hat Steinsalzlager in Schwäbisch-Hall und Friedrichshall; in Bayern befinden sich bei Berchtesgaden Lager, welche schon seit dem Mittelalter abgebaut werden.

Gewinnung und Eigenschaften. 1. Selten ist das Steinsalz so rein, daß man es direkt verwenden kann; meistens muß es einer Reinigung unterworfen werden. Zu diesem Zweck legt man in dem Bergwerk selbst Wasserbehälter an, wodurch das salzhaltige

Gestein ausgelaugt wird, während die unlöslichen Beimengungen zurückbleiben. Die erhaltene Lösung wird dann in flachen Pfannen in den Salinen eingedampft. Während des Eindampfens kristallisiert das Kochsalz in Form kleinerer oder größerer Würfel aus, die sich zu Boden setzen und auf den schiefliegenden Rand der Pfanne gekrückt werden, so daß die noch anhängende Mutterlauge wieder in die Pfanne zurückfließen kann. Hierauf wird das Kochsalz noch getrocknet. Die Verunreinigungen sammeln sich immer mehr in der Mutterlauge an, so daß diese von Zeit zu Zeit entfernt werden muß. Man benutzt sie zu Bädern.

2. Die natürlichen Solen sind selten so reich an Kochsalz, daß es sich lohnen würde, sie direkt durch künstliche Wärme zu verdampfen. Man sättigt sie meist mit Steinsalz; vereinzelt werden sie noch gradiert: Zwischen einem Holzgerüst wird aus Dornenreisig eine Wand aufgeführt; oben laufen Holzrinnen entlang, in welche die Sole durch Pumpen gehoben wird; durch seitliche Öffnungen fließt sie dann auf das Dornenreisig und tröpfelt unter vielfältiger Verteilung herunter in das untere Becken, in dem die Dornenwand steht. Dadurch verdunstet

Abb. 51.
Gradierwerk.

das Wasser rasch, und die Lösung wird reicher an Kochsalz. Verschiedene Verunreinigungen scheiden sich auf den Dornen ab und überziehen dieselben als Dornenstein. Ist die Sole 20 grädig, d. h. sind in 100 ccm derselben 20 g Kochsalz enthalten, so wird sie versotten.

Kochsalz gehört zu den wenigen Stoffen, die bei gewöhnlicher Temperatur fast ebenso löslich sind (36 g in 100 g Wasser bei 20°) wie bei höherer (39 g in 100 g Wasser bei 100°). Es ist das für seine Trennung von anderen Stoffen von Wichtigkeit.

Erhitzt man Kochsalz im Reagenzglas, so verknistert es und das Glas beschlägt sich mit Flüssigkeitströpfchen.

Die Kriställchen schließen gern Mutterlauge ein; beim Erhitzen verwandelt sich diese in Dampf und zersprengt die Körner.

Bringt man mittels ausgeglühten Platindrahtes einige Körnchen Kochsalz in die farblose Flamme, so wird diese stark gelb gefärbt.

Das Kochsalz enthält einen Bestandteil, der bei der Temperatur der Bunsenflamme vergast und mit gelbem Licht glüht. Es ist das Metall **Natrium**.

Dieses Metall wird in der Tat aus Kochsalz frei, wenn man durch das geschmolzene Salz einen elektrischen Strom leitet; doch verbrennt es hierbei wegen der hohen Temperatur, sobald es an die Luft kommt.

Leitet man einen elektrischen Strom durch eine konzentrierte, mit Lackmus gefärbte Kochsalzlösung, wozu der in Abb. 52 dargestellte Apparat verwendet werden kann (man füllt die Röhren nicht ganz und läßt die Hähne offen), so erhält man über der Kathode Wasserstoff, und die Flüssigkeit wird blau, während im Anodenschenkel ein Gas frei wird, welches die Flüssigkeit entfärbt. Mittels Schlauch und Glasröhre kann man das Gas in einen Standzylinder überleiten, den es langsam von unten nach oben füllt. Es hat eine gelbgrüne Farbe und einen durchdringenden Geruch.

Es ist das Element **Chlor** (von gr. chloros = gelbgrün).

❙ Als zweiten Bestandteil enthält das Kochsalz Chlor (Cl).

An der Kathode erhalten wir statt Natrium Wasserstoff und Natronlauge.

Wirft man dünne Scheibchen Natrium in einen mit Chlor gefüllten Zylinder, so bedecken sie sich alsbald mit einer weißen Schicht und verwandeln sich nach einigen Tagen in ein weißes Pulver, das den Geschmack des Kochsalzes besitzt, sich in Wasser löst und aus der Lösung beim Eindunsten in Würfelchen kristallisiert.

❙ Das Kochsalz ist eine Verbindung von Natrium mit Chlor; es wird
❙ deshalb mit Chlornatrium bezeichnet. Seine Formel ist NaCl.

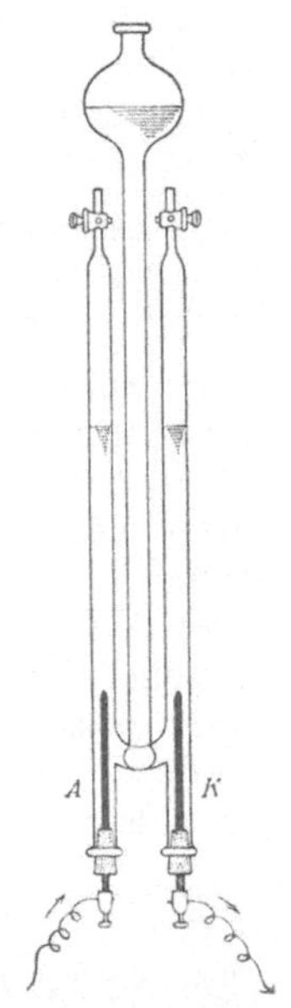

Abb. 52. Elektrolyse einer Kochsalzlösung.

Abb. 53. Durch Druck stark gefaltetes Kalisalzlager. Die losgesprengten Salzmassen werden laderecht zerschlagen. Neue Sprenglöcher werden vorbereitet. (Deut. Kali-Syndikat, Berlin.)

Das Kochsalz spielt eine wichtige Rolle in unserer Ernährung. Es beteiligt sich bei der Bildung der Verdauungssäfte und ist ein wesentlicher Bestandteil unseres Blutes. Technisch wird es in großer Menge zur Gewinnung von Chlor, Salzsäure und Soda verbraucht.

Speisesalz ist mit einer hohen Steuer belastet. Viehsalz und gewerblichen Zwecken dienendes Salz sind steuerfrei, werden aber durch Zusatz von rotem Eisenoxyd bzw. durch Schwefelsäure für den menschlichen Genuß unbrauchbar gemacht.

Die Salzlager sind durch Verdunstung vorzeitlicher Meere während außerordentlich langer Zeiträume entstanden. In Norddeutschland liegen über dem Steinsalz stellenweise, z. B. in den Provinzen Sachsen und Hannover, Salze des Kaliums und Magnesiums, welche sich wegen ihrer größeren Löslichkeit erst nach dem Kochsalz ausgeschieden haben. Ehemals wurden diese Salze als lästiger Abraum beseitigt. Seit etwa 50 Jahren sind sie für die Landwirtschaft und Industrie von großer Bedeutung geworden. Die wichtigsten dieser Salze sind Sylvin, Carnallit und Kainit, welche als wichtigsten Bestandteil Chlorkalium enthalten. Darnach bezeichnet man die Abraumsalze als Kalisalze.

§ 24. Das Chlor.

Seit 30 Jahren werden große Mengen Chlor neben Wasserstoff und Natriumhydroxyd aus Kochsalz gewonnen, indem man durch dessen wässerige Lösung einen starken elektrischen Strom leitet. Zur Nachahmung des Großbetriebes im kleinen Maßstabe eignet sich folgende Vorrichtung:

Eine poröse Tonzelle wird in der Weise abgeschlossen, daß ein Kohlenstab als Anode eingeführt und das entstehende Chlor abgeleitet werden kann. So stellt man sie in ein mittelgroßes Batterieglas und füllt beide Gefäße mit Kochsalzlösung. Als Kathode dient ein zylindrisch gebogenes Messingblech, das die Tonzelle umfaßt (Abb. 54).

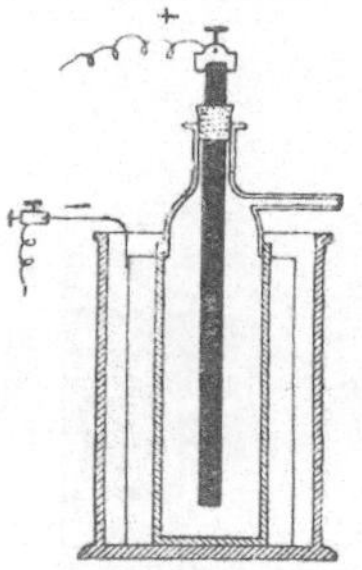

Abb. 54. Zelle zur Elektrolyse einer Salzlösung.

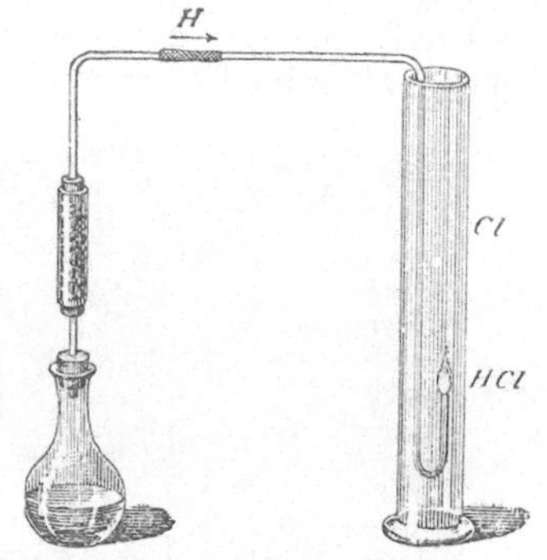

Abb. 55.
Verbrennung von Wasserstoff in Chlor.

Das Chlor ist ein gelblichgrünes Gas von erstickendem Geruch, das schon in geringer Menge die Atmungsorgane stark angreift; in größerer Menge eingeatmet verursacht es Bluthusten. Es ist schwerer als Luft: 1 l Chlor wiegt bei 0° und 760 mm 3,17 g.

Fein gehämmertes Kupfer vereinigt sich mit Chlor unter Erglühen; es entsteht eine gelbbraune Verbindung. Leitet man Chlor über Eisenpulver, das in einer Röhre erhitzt wird, so erfolgt die Vereinigung unter Feuererscheinung; das Produkt löst sich in Wasser mit gelber Farbe. Auch echtes Blattgold wird von Chlor aufgezehrt und in einen löslichen gelben Stoff verwandelt.

Chlor vereinigt sich unter Energieentwicklung mit allen Metallen. Die Verbindungen nennt man **Chloride**.

Wasserstoff brennt in Chlor mit bläulichweißer Flamme; dabei verschwindet Farbe und Geruch des Chlors. Das Verbrennungsprodukt ist ein farbloses, an der feuchten Luft Nebel bildendes Gas; blaues angefeuchtetes Lackmuspapier wird davon gerötet. Füllt man einen kleinen dickwandigen Zylinder mit Chlorgas, stellt ihn, mit einer Glasplatte bedeckt, umgekehrt auf einen gleichen mit Wasserstoff gefüllten Zylinder, entfernt die Glasplatten, damit die Gase sich mischen können und bringt nach einigen Sekunden die Zylinder mit der Mündung an eine Flamme, so erfolgt eine heftige Explosion. Dabei entsteht wieder das nebelbildende Gas.

Chlor und Wasserstoff vereinigen sich unter Abgabe bedeutender Energiemengen zu einem farblosen Gas, **Chlorwasserstoff**. Ein Gemenge aus gleichen Volumen Chlor und Wasserstoff heißt Chlorknallgas.

Eine Kerze brennt in Chlorgas mit rötlicher, stark rußender Flamme weiter; ähnlich verhält sich eine Leuchtgasflamme (Abb. 56).

Das Weiterbrennen einer Kerzen- und Leuchtgasflamme in Chlorgas (also bei Abwesenheit von Sauerstoff) beruht auf der Vereinigung des Chlors mit dem Wasserstoff des Kerzenmaterials bzw. des Leuchtgases, während der Kohlenstoff dieser Brennstoffe abgeschieden wird.

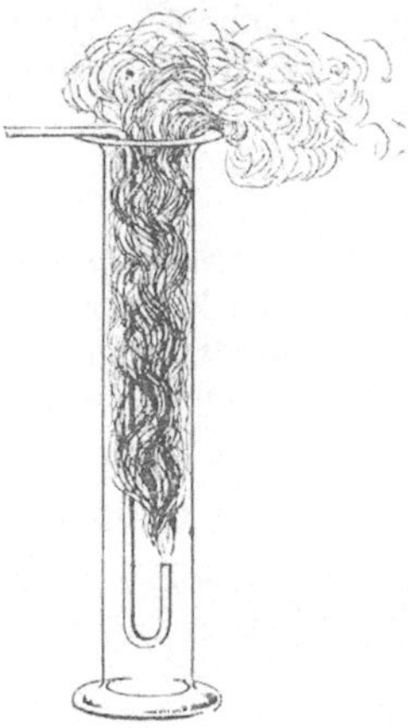

Unter Verbrennung im weiteren Sinne versteht man jede Vereinigung zweier Stoffe unter Feuererscheinung.

Abb. 56.
Verbrennung von Leuchtgas in Chlor.

Leitet man Chlor in kaltes Wasser, so entsteht eine Flüssigkeit von der Farbe und dem Geruch des Chlors; sie heißt Chlorwasser. Beim Erwärmen entweicht daraus Chlorgas (wie aus lufthaltigem Wasser durch Erhitzen Luft ausgetrieben wird). Das besagt:

Chlorwasser ist eine Lösung von Chlor in Wasser, keine Verbindung der beiden Stoffe.

Im Dunkeln oder in Flaschen aus braunem oder rotem Glas kann Chlorwasser längere Zeit aufbewahrt werden. In farblosen Gläsern dem Licht ausgesetzt, verliert es bald seine grüne Farbe und seinen Geruch.

Setzt man einen mit frischem Chlorwasser gefüllten Glaskolben von etwa $\frac{1}{2}$ l Inhalt, wie die Abb. 57 zeigt, dem direkten Sonnenlicht aus, so entwickelt sich bald ein farbloses Gas, das, einen Teil der Flüssigkeit verdrängend, sich im Kolben ansammelt; die Flüssigkeit wird nach und nach farblos und nimmt eine saure Reaktion an; das Gas läßt sich leicht als Sauerstoff erkennen.

Unter dem Einfluß des Lichtes macht das Chlor aus dem Wasser Sauerstoff frei, indem es sich mit dem Wasserstoff verbindet. Diese Wirkung des Chlors tritt besonders leicht ein, wenn ein Stoff zugegen ist, der sich mit Sauerstoff verbindet.

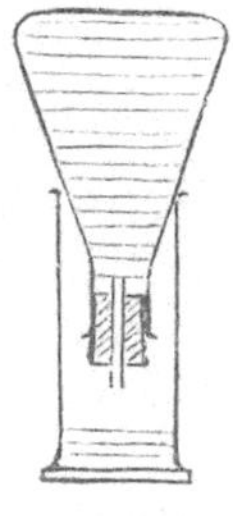

Abb. 57.
Belichtung von Chlorwasser.

Chlor wirkt als indirektes Oxydationsmittel. Darauf beruht seine bleichende und desinfizierende Wirkung.

Blaues Lackmuspapier, bunte Blumen, schwarze und rote Tinte, gefärbte Zeuge werden in Chlorwasser gebleicht.

Wasser, welches faulende Stoffe enthält, verliert auf Zusatz von Chlorwasser seinen üblen Geruch.

Chlor dient zum Bleichen besonders von Pflanzenstoffen wie Leinen, Papier, Baumwolle. Da bei der Chlorbleiche eine Säure gebildet wird, welche die Gewebe allmählich zerstört, müssen die gebleichten Stoffe gründlich ausgewaschen werden. In beschränktem Maße wird Chlor als Desinfektionsmittel benutzt, da es die krankheits- und fäulniserregenden Organismen vernichtet. Außerdem wird es zur Bereitung verschiedener Chlorverbindungen, z. B. Chlorkalk, verbraucht.

§ 25. Chlorwasserstoff und Salzsäure.

Mittels der dem Daniellschen Hahn ähnlichen Vorrichtung (Abb. 58) kann man eine Wasserstoffflamme in einem Chlorstrom brennen lassen. Leitet man das Verbrennungsprodukt, das Chlorwasserstoffgas, in Wasser, so wird es von diesem aufgenommen; es entsteht eine stark saure Flüssigkeit.

Durch Verbrennung von Wasserstoff in Chlor wird heute in der Tat Chlorwasserstoff im großen hergestellt (Bitterfeld).

Die Darstellung einer Verbindung durch Vereinigung ihrer Elementarbestandteile heißt Synthese.

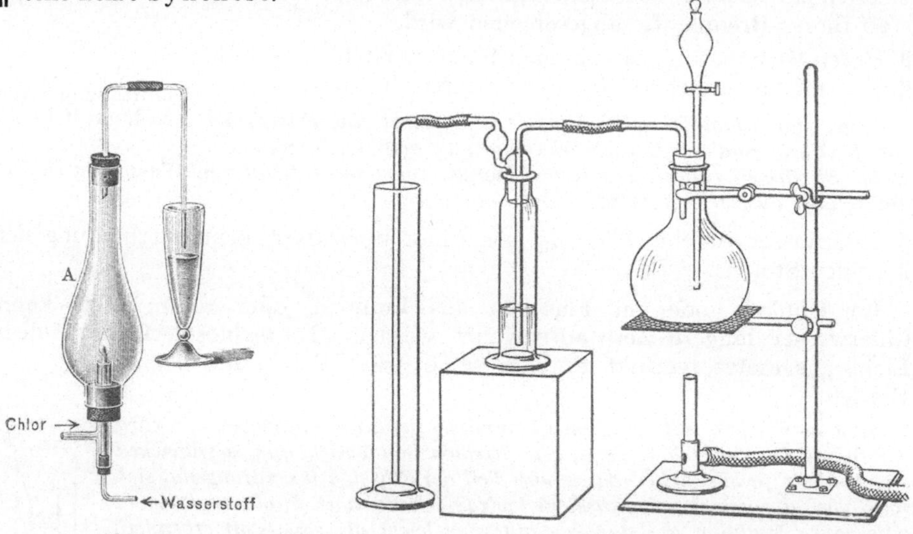

Abb. 58.	Abb. 59.
Synthese von Chlorwasserstoff.	Darstellung von Chlorwasserstoff aus Kochsalz.

Alt ist die Darstellung von Chlorwasserstoff aus Steinsalz mit Hilfe von Schwefelsäure. Übergießt man Kochsalz mit konz. Schwefelsäure, so entwickelt sich unter Aufschäumen Chlorwasserstoffgas.

Zur Untersuchung bereiten wir das Gas in der Vorrichtung Abb. 59.

In einem Kolben wird Kochsalz mit konzentrierter Schwefelsäure schwach erwärmt und das entweichende Gas durch konzentrierte Schwefelsäure getrocknet. Da das Gas schwerer als Luft ist, so kann es in der Weise aufgefangen werden, daß man es bis auf den Boden eines Standzylinders leitet. Ist der Zylinder mit dem Gas gefüllt, so treten an der Mündung Nebel auf.

Chlorwasserstoff ist bei gewöhnlicher Temperatur ein farbloses Gas von stechend saurem Geruch, das mit der Luftfeuchtigkeit Nebel bildet. Es ist weder brennbar, noch unterhält es die Verbrennung. Vom Wasser wird das Gas in großer Menge gelöst.

Füllt man einen Zylinder mit Chlorwasserstoff, verschließt ihn nach Abb. 60 und hält ihn mit der Mündung unter Wasser, das mit Lackmus blau gefärbt ist, so dringt dieses zuerst langsam, dann mit Heftigkeit ein, da plötzlich alles Gas absorbiert wird. Die blaue Farbe des Wassers schlägt dabei in Rot um.

Die wässerige Lösung von Chlorwasserstoff heißt Salzsäure (nach ihrer Darstellung aus Kochsalz).

Ist Wasser von gewöhnlicher Temperatur mit Chlorwasserstoff gesättigt, so hat man eine nahezu 40prozentige Salzsäure, d. h. eine Säure, die in 100 g etwa 40 g Chlorwasserstoff enthält. Die gesättigte Salzsäure raucht beim Öffnen der Aufbewahrungsflaschen, weil sich aus ihr Gas verflüchtigt, das mit dem Wasserdampf der Luft eine flüssige Lösung bildet. Ein großer Teil des Gases entweicht beim Erwärmen.

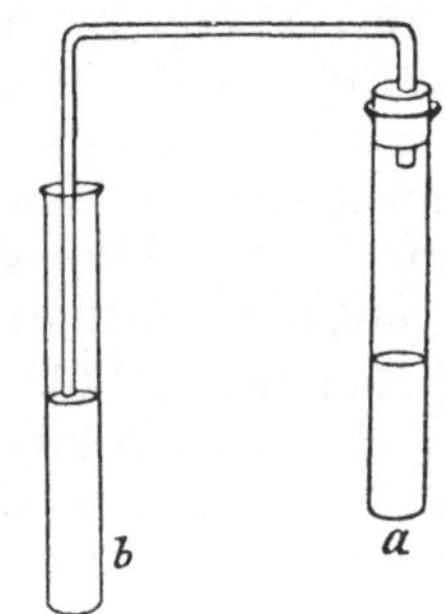
Abb. 61.
Salzsäuredestillation.

Wird in dem Reagenzglas a (Abb. 61) rohe Salzsäure erwärmt, so entweicht Chlorwasserstoffgas, das durch die gebogene Röhre auf das kalte Wasser in b geleitet wird; dort sieht man von der Mündung der Röhre farblose Schlieren herabsinken, da die entstehende Lösung schwerer als Wasser ist.

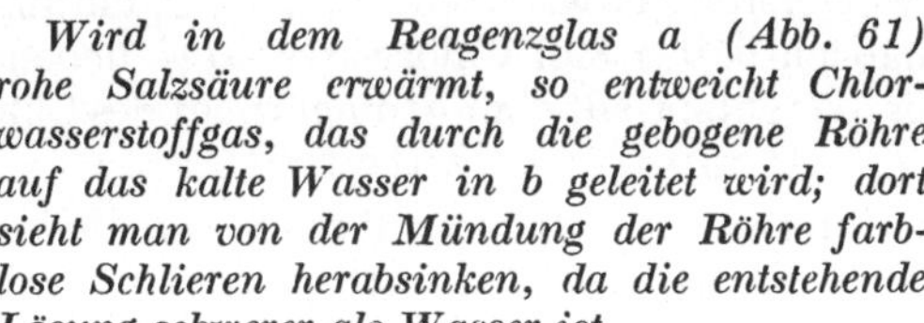
Abb. 60.
Absorption von Chlorwasserstoff.

Diese Beobachtung zeigt, daß sich Salzsäure wie die Lösung eines Gases verhält. Mit steigender Temperatur nimmt der Sättigungsgrad ab.

Bei 110⁰ destilliert eine Säure mit 20 Gewichtsprozent Chlorwasserstoff und dem Raumgew. 1,10 über.

Reine Salzsäure ist farblos. Die rohe Salzsäure ist gelblich gefärbt, da sie Eisenchlorid enthält.

Salzbildung. Salzsäure ist eine sehr starke Säure. Viele Metalle, wie Magnesium, Zink, Eisen, Aluminium, Zinn, werden von ihr rasch aufgezehrt. Dabei entwickelt sich Wasserstoff und die Metalle gehen in salzsaure Salze = Chloride über.

Die Edelmetalle, ferner Quecksilber und reines Kupfer werden in Salzsäure nicht verändert. Steht Kupfer mit Säure und Luft zugleich in Berührung, so geht es in das Chlorid über; es bildet sich eine blaugrüne Lösung.

Metalloxyde werden von Salzsäure in Chloride verwandelt, indem sich der Oxydsauerstoff mit dem Wasserstoff der Säure, das Metall mit dem Chlor (dem Säurerest der Salzsäure) verbindet.

Beim Neutralisieren von Natronlauge mit Salzsäure erhält man Kochsalz.

Oxydation. Läßt man auf Salzsäure Sauerstoff abgebende Verbindungen einwirken, so wird ihr Wasserstoff entzogen und Chlor frei gemacht.

Ein solches Oxydationsmittel ist der **Braunstein**, d. i. das Dioxyd des Mangans, eines dem Eisen ähnlichen Metalls.

Wird Braunsteinpulver mit Salzsäure übergossen und gelinde erwärmt, so entwickelt sich reichlich Chlor. Will man auf diesem Wege Chlor bereiten, so bedient man sich desselben Apparates, welcher zur Darstellung von Chlorwasserstoff benutzt wurde (Abb. 59).

Nachweis. *Zum Nachweis von Salzsäure kann ihre Umsetzung mit Braunstein benutzt werden, da freies Chlor durch seinen Geruch leicht zu erkennen ist.*

*Kommt die Lösung eines Silbersalzes mit Salzsäure oder einer Chloridlösung zusammen, so scheidet sich ein weißer käsiger Niederschlag aus, der am Licht violett wird; d. i. **Chlorsilber**. Diese Umsetzung kann sowohl zum Nachweis freier Salzsäure wie zur Erkennung ihrer gelösten Salze dienen.*

Die festen Chloride erkennt man beim Übergießen mit konzentrierter Schwefelsäure, wobei stets Chlorwasserstoffgas entwickelt wird, kenntlich an der Rötung von angefeuchtetem blauen Lackmuspapier.

Anwendung. Da die Salzsäure Metalloxyde in leicht lösliche Chloride überführt, dient sie zum Reinigen angelaufener, d. h. oxydierter Metallgefäße und beim Löten; rasch und bequem entfernt man mit ihr den Kalkbelag aus Glas- und Emaillegefäßen. Stark verdünnte Salzsäure wird Magenkranken zur Unterstützung der Verdauungstätigkeit verordnet (der Magensaft der Säugetiere enthält geringe Mengen von Salzsäure).

Formeln. 1 l Chlorwasserstoffgas wiegt normal 1,63 g; daraus erhält man das Mol 36,5; demgemäß enthält 1 Mol Chlorwasserstoff neben 1 Atomgewicht H (= 1) 35,5 g Chlor, das entspricht dem Atomgewicht des Chlors. Die **Formel von Chlorwasserstoff muß also lauten:** HCl.

Die Synthese von Chlorwasserstoff erfolgt nach dem Schema:

$$H_2 + Cl_2 \rightarrow 2\,HCl.$$

Die durch Einwirkung von Salzsäure auf Mg, Zn, Fe, Al, Sn (Zinn) entstehenden Chloride haben die Formeln $MgCl_2$, $ZnCl_2$, $FeCl_2$, $AlCl_3$, $SnCl_2$; aus der Umsetzung von HCl mit CuO geht das Chlorid $CuCl_2$ hervor.

Aufgaben: 1. Wie lauten die Gleichungen für die Einwirkung von Chlorwasserstoff auf Zink, Magnesium? — **2.** Drücke die Umsetzung von Chlorwasserstoff mit Kupferoxyd und Quecksilberoxyd durch chemische Gleichungen aus! Wieviel Cl-Atome treten an die Stelle eines O? — **3.** Erkläre die folgende Gleichung, welche die Reaktion zwischen Kochsalz und Schwefelsäure ausdrückt: $2\,NaCl + H_2SO_4 \rightarrow 2\,HCl + Na_2SO_4$! — **4.** Ergänze $NaOH + HCl \rightarrow$!

Geschichtliches. Aus der Beobachtung, daß die Oxyde des Schwefels und Phosphors mit Wasser Säuren geben, entstand die irrige Auffassung, daß alle Säuren Sauerstoffverbindungen seien. Das 1774 von Scheele entdeckte Chlor hielt man anfänglich für eine Sauerstoffverbindung (oxydierte Salzsäure). Davy erkannte 1808 die elementare Natur des Chlors und die Zusammensetzung des Salzsäuregases; er stellte im gleichen Jahre das Natrium her und klärte die Zusammensetzung des Kochsalzes, des Natriumhydroxydes und die Salzbildung auf.

§ 26. Der Stickstoff (Nitrogenium).

Die atmosphärische Luft. Die Untersuchung der Verbrennungsvorgänge an der Luft hat ergeben, daß ungefähr $\frac{4}{5}$ der Luft aus einem an der Verbrennung nicht teilnehmenden Gas bestehen, welches den Namen **Stickstoff** erhielt, während etwa $\frac{1}{5}$ der Luft, der **Sauerstoff**, zur Oxydation verbraucht wird.

Außer den zwei Hauptbestandteilen enthält die Luft jederzeit etwas Wasserdampf und kleine Mengen von Kohlendioxyd.

Zur Bestimmung des Mengenverhältnisses der einzelnen Luftbestandteile saugt man ein abgemessenes Volumen Luft durch Röhren, in welchen der Reihe nach das Wasser (durch konz. Schwefelsäure), dann das Kohlendioxyd (durch Ätznatron), zuletzt der Sauerstoff (durch erhitztes Kupfer) weggenommen werden. Durch Wägung der Absorptionsgefäße vor und nach dem Versuch wird die Gewichtsmenge des Wassers, Kohlendioxyds und Sauerstoffs, durch Messung des übrigbleibenden Restes das Volumen des Stickstoffs in der untersuchten Luftmasse gefunden.

Diese quantitative Analyse der Luft wurde 1841 zum erstenmal und seitdem sehr oft in verschiedener Anordnung durchgeführt. Das Ergebnis war, von kleinen Abweichungen abgesehen, stets das gleiche. Während der Gehalt an Wasserdampf zwischen 0,8 und 1,6 Vol.-Proz. wechselt, zeigt die von Wasserdampf befreite Luft stets dieselbe Zusammensetzung:

Stickstoff	79,17 Vol.-Proz.	oder	76,95	Gew.-Proz.
Sauerstoff	20,80 ,,	,,	23,00	,,
Kohlendioxyd	0,03 ,,	,,	0,05	,,

Außerdem enthält die Luft winzige feste Stoffteilchen, die man als Staub bezeichnet. Dieser besteht aus mineralischen Stoffen, leblosen organischen Stoffrestchen und aus Sporen (Fortpflanzungskörperchen) niederer Tiere und Pflanzen. Unter letzteren befinden sich die Urheber der Zersetzung, welche unsere Nahrungsmittel an der Luft erleiden, und die Erreger gefährlicher Krankheiten.

Mit Hilfe eines von Linde 1896 erdachten Apparates, in welchem Luft gleichzeitig stark gekühlt und zusammengepreßt wird, stellt man heute flüssige Luft im großen her. Dieselbe bildet eine bläulich schimmernde Flüssigkeit, welche schon bei — 191° siedet; doch kann sie längere Zeit in offenen Gefäßen mit luftleerer Doppelwandung aufbewahrt werden.

Bei der Vergasung entweicht aus der flüssigen Luft zuerst fast nur Stickstoff, zuletzt der schwerer flüchtige Sauerstoff. Dadurch ist es möglich, aus der Luft sowohl Stickstoff wie Sauerstoff in ziemlich reinem Zustand zu erhalten.

Da die Zusammensetzung der atmosphärischen Luft überall nahezu dieselbe ist, liegt es nahe, sie als eine chemische Verbindung anzusehen. Diese Auffassung ist aber falsch.

‖ Die Luft ist ein Gemenge.

Das geht aus folgenden Tatsachen hervor:

1. Das Gewichtsverhältnis zwischen Stickstoff und Sauerstoff in der Luft ist nicht gleich dem der Atomgewichte oder einfacher Vielfachen derselben. 2. Die in Wasser gelöste Luft enthält nur 67% Stickstoff, dagegen 33% Sauerstoff, was sich durch die verschiedene Löslichkeit der beiden Elemente erklärt (bei 12° löst 1 l Wasser etwa 24 ccm Luft, und zwar sind davon 16 ccm Stickstoff und 8 ccm Sauerstoff). 3. Aus der verflüssigten Luft entweicht der Stickstoff rascher als der Sauerstoff, wie es dem Unterschied im Siedepunkt der zwei Elemente entspricht. 4. Mischt

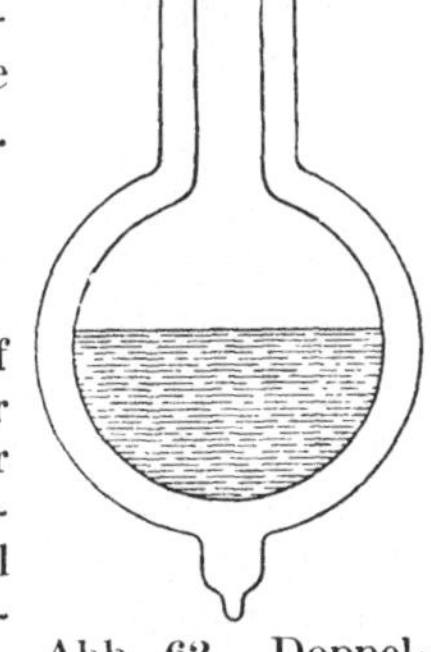

Abb. 62. Doppelwandiges Gefäß mit flüssiger Luft.

man Stickstoff und Sauerstoff im Volumverhältnis 79 : 21, so erhält man ein Gas mit allen wesentlichen Eigenschaften der atmosphärischen Luft. 5. In bedeutenden Höhen ändert sich das Verhältnis Stickstoff : Sauerstoff. (In den obersten Luftschichten findet sich auch freier Wasserstoff.)

Die gleichbleibende Zusammensetzung der Luft muß überraschen, da ja durch Atmung und Verbrennung beständig Sauerstoff verbraucht und Kohlendioxyd gebildet wird. Dem steht aber die Tatsache gegenüber, daß die grünen Pflanzen unter Mitwirkung des Lichtes Kohlendioxyd verarbeiten und Sauerstoff erzeugen. Wenn nun auch, wie anzunehmen ist, nicht genau soviel Sauerstoff der Luft zurückgegeben wird, als ihr entzogen wurde, so würde eine merkliche Änderung in der Zusammensetzung wegen der ungeheuren Menge der Luft erst in großen Zeiträumen eintreten. Örtliche Abweichungen von der allgemeinen Zusammensetzung werden durch Diffusion und Luftströmung schnell ausgeglichen.

Der Luftstickstoff. Der auf dem oben angedeuteten Wege gewonnene Luftstickstoff ist ein farb- und geruchloses Gas, welches leichter als Luft ist. 1 l wiegt bei 0^0 und 760 mm Druck 1,257 g. Er unterhält weder die Verbrennung noch die Atmung. Im Gegensatz zu den bisher besprochenen Elementen verbindet er sich von selbst, d. h. ohne Zufuhr von Energie mit keinem anderen Element.

Geschichtliches. Cavendish hatte schon um 1780 gefunden, daß 100 ccm Luft gemischt mit 42 ccm Wasserstoff nach der Zündung 79 ccm Luftrückstand ergeben. Bis 1894 hielt man den nach Wegnahme des Sauerstoffs erhaltenen Luftrest für reinen Stickstoff. In diesem Jahre fand Rayleigh, daß das Litergewicht des aus chemischen Verbindungen abgeschiedenen Stickstoffs um 0,006 g kleiner ist als das des Luftstickstoffes. Die hartnäckigen Bemühungen, die Ursache des kleinen Unterschiedes aufzufinden, führten Rayleigh und Ramsay zur Entdeckung eines schwereren Gases. Leitet man Luftstickstoff über glühendes Magnesium, so wird er von dem Metall gebunden. Dabei bleibt in kleiner Menge ein Gas übrig, welches bis jetzt in keine Verbindung übergeführt werden konnte. Es erhielt deshalb den Namen Argon, d. i. das Nichtwirkende. Später fand man neben Argon in diesem Luftrest noch 4 andere Gase, die gleich dem Argon mit keinem Element Verbindungen eingehen. Man nannte sie deshalb Edelgase (verglichen mit den Edelmetallen). Aus dem Litergewicht des reinen Stickstoffes 1,251 g ergibt sich das Mol 28 g; als Atomgewicht wurde 14 gefunden, folglich besteht das Molekül aus 2 Atomen: N_2.

Aufgaben: 1. Wie können wir uns von dem Wasserdampfgehalt der Luft überzeugen? Durch welche Instrumente wird derselbe gemessen und wie wird er angegeben? — 2. Der Luftstickstoff enthält 1,18 Vol.-Proz. Argon. Wieviel Vol.-Proz. Argon enthält demnach die getrocknete Luft?

§ 27. Das Ammoniak.

In Ställen nimmt man oft einen stechenden Geruch wahr. Er rührt von einem Gas her, das beim Zerfall der tierischen Ausscheidungen frei wird. Dieses Gas heißt Ammoniak. Es entsteht auch bei der Bereitung des Leuchtgases durch Zersetzung der Steinkohlen. Es ist eine Verbindung von Stickstoff mit Wasserstoff.

Seit einigen Jahren erzeugt man riesige Mengen Ammoniak aus dem Stickstoff der Luft (Werke Oppau bei Ludwigshafen und in Leuna bei Merseburg), indem man ein Gemisch von 1 Vol. Stickstoff und 3 Vol. Wasserstoff durch erhitzte Röhren über einen Katalysator preßt.

Eine wässerige Ammoniaklösung kommt unter dem Namen Salmiakgeist in den Handel.

Erhitzt man Salmiakgeist, so entweicht daraus Ammoniak. Zur Beseitigung des Wasserdampfes leiten wir das Gas durch einen mit gebranntem Kalk gefüllten Trocken-

turm und fangen es in einer mit der Öffnung nach unten befestigten Flasche auf (Abb. 63).
Ist diese mit dem Gase gefüllt, so verschließen wir sie mit Stopfen und Glasröhrchen und
bringen die Öffnung in Wasser, das mit Lackmus rot gefärbt ist (wie in Abb. 60).

Das Ammoniak ist ein farbloses Gas von eigentümlichem, stechendem
Geruch. Es ist viel leichter als die Luft; 1 l Ammoniak wiegt bei 0° und 760 mm
Druck 0,762 g. Durch einen Druck von etwa
8 Atmosphären bei 15° wird es flüssig. Wird der
über flüssigem Ammoniak lastende Druck aufge-
hoben, so verdunstet es sehr rasch unter Erzeugung großer Kälte (Verwendung zur Erzeugung
von Kunsteis).

Kommt Ammoniak mit Wasser zusammen, so
wird es sehr energisch und in großer Menge aufgelöst. Die Lösung färbt roten Lackmusfarbstoff
blau. Deshalb nimmt man an, daß sie ein Hydroxyd
enthält. Dieses Hydroxyd ist für sich nicht dar-
stellbar, da es äußerst leicht in Wasser und
Ammoniak zerfällt. Daher riecht die Lösung nach
Ammoniak, und beim Stehen in offener Schale, be-

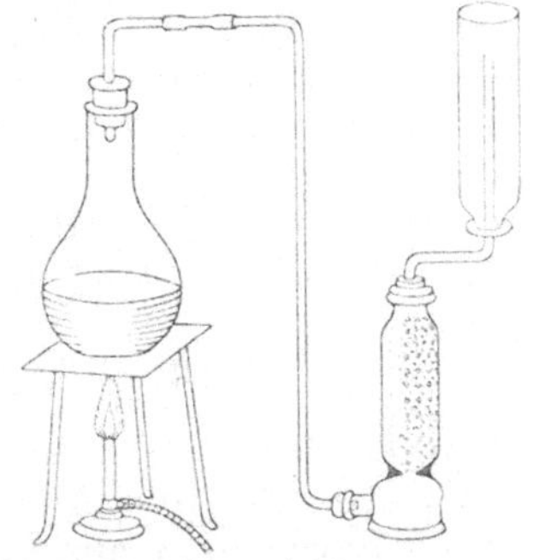

Abb. 63. Entwicklung von
Ammoniak aus Salmiakgeist.

sonders rasch beim Erwärmen, entweicht daraus schließlich alles Ammoniak.

Aus dem Litergewicht des Gases berechnet sich das Mol 17 g. Diesen Tatsachen
entspricht die Formel NH_3 für Ammoniak. Der im Salmiakgeist enthaltenen
Basis hat man die Formel NH_4OH und den Namen Ammoniumhydroxyd
gegeben; die Atomgruppe NH_4 nennt man Ammonium.

Füllt man einen Zylinder mit Salzsäuregas, einen zweiten gleich großen mit Ammo-
niak, setzt beide mit den Mündungen aufeinander und schüttelt, so entsteht unter Er-
wärmung ein dicker Rauch, der sich zu einem weißen Beschlag verdichtet.

Ammoniak und Chlorwasserstoff verbinden sich nach der Gleichung:

$$NH_3 + HCl \rightarrow NH_4Cl.$$

Neutralisiert man Salmiakgeist mit Salzsäure, so erhält man beim Eindampfen der
neutralen Lösung dasselbe Salz wie bei der Vereinigung von Ammoniak- und Chlor-
wasserstoffgas:

$$NH_4 OH + HCl \rightarrow H_2O + NH_4 Cl.$$

Das Salz NH_4Cl heißt Ammoniumchlorid oder Salmiak. Es kommt als
weißes kristallinisches Pulver in den Handel. Wie mit Salzsäure, so vereinigt
sich Ammoniak auch mit anderen Säuren, wodurch Ammoniumsalze
entstehen, z. B. $2 NH_3 + H_2SO_4 \rightarrow (NH_4)_2SO_4$.

Ammoniumsulfat

Wird Salmiak in einem Proberohr erhitzt, so verflüchtigt er sich allmählich, ohne zu
schmelzen; er geht unmittelbar in den dampfförmigen Zustand über und verdichtet sich
am kälteren Teil des Röhrchens wieder zu festem Salmiak.

Die Desillntion feter Stoffe nonnt man Subimation. Mam bediet sich
ihrer oft zur Reinigung der Stoffe.

Bringt man auf den Boden eines Reagenzglases etwas Salmiak, darüber einen Streifen
angefeuchtetes violettes Lackmuspapier, dann einen kleinen Wattebausch und darüber
wieder Lackmuspapier und erhitzt nun den Salmiak mit großer Flamme, so wird das
untere Lackmuspapier rot, das obere blau.

Durch starkes Erhitzen wird das Ammoniumchlorid zersetzt nach der Gleichung $NH_4Cl \rightleftarrows HCl + NH_3$. Der Wattebausch verhindert die vollständige Wiedervereinigung der beiden Spaltprodukte, weil das Ammoniak schneller hindurchtritt als HCl.

‖ Die Zersetzung durch Hitze nennt man **thermische Dissoziation**.

Anwendung. Salmiakgeist dient als Basis zum Entfernen von Säureflecken und gegen die durch Insektenstiche (Ameisensäure) verursachte Entzündung. Der kühlend salzig schmeckende Salmiak dient zur Bereitung der Salmiakpastillen und zum Löten (auf heiße Metallflächen gebracht, zersetzt er sich unter Bildung von HCl, welche die Oxydschicht weglöst). In großer Menge wird Ammonsulfat als Düngemittel verbraucht.

§ 28. Salpetersäure und Oxyde des Stickstoffs.

Salpetersäure. Noch vor wenigen Jahren wurde alle Salpetersäure aus Chilesalpeter (Natronsalpeter) durch Einwirkung von Schwefelsäure dargestellt, ähnlich wie man aus Kochsalz durch Umsetzung mit Schwefelsäure Salzsäure bereitet.

Zum Versuch im kleinen kann man Salpeter in einem Kolben, der mit einer gekühlten Vorlage versehen ist, mit Schwefelsäure erhitzen (Abb. 64). Es destilliert Salpetersäure, welche gleich der Salzsäure viel flüchtiger als Schwefelsäure ist; in dem Kolben bleibt Natriumsulfat zurück.

Als 1914 die Einfuhr von Chilesalpeter in Deutschland aufhörte, war es für uns von größter Bedeutung, daß es nach vielen Bemühungen im großen gelungen ist, den Luftstickstoff in Salpetersäure überzuführen.

Unter dem Einfluß starker elektrischer Entladung, z. B. bei Gewittern, verbindet sich Stickstoff mit Sauerstoff zu Stickstoffoxyd.

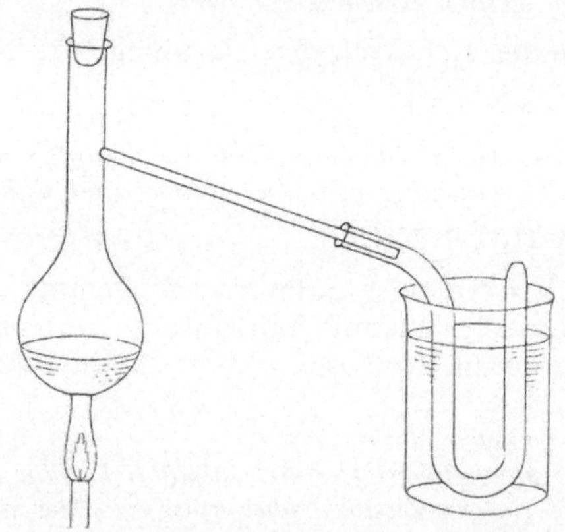

Abb. 64. Darstellung von Salpetersäure aus Chilesalpeter.

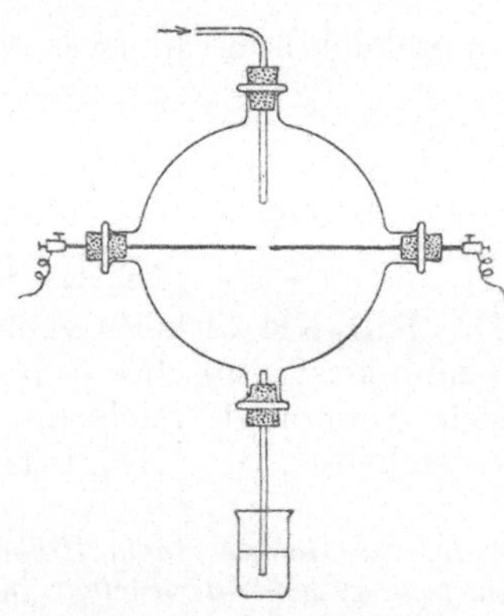

Abb. 65. Verbrennung von Luftstickstoff im Funkenstrom.

Die Verbrennung von Stickstoff läßt sich bei dem Versuch Abb. 65 beobachten. Zwischen den dünnen Messingstäben erzeugt man einen kräftigen Funkenstrom. Alsbald entstehen braune Dämpfe, und die Lackmuslösung im Becherglas wird rot.

Diese seit 1781 bekannte Tatsache konnte technisch erst ausgenützt werden, nachdem man die geeignetste Beschaffenheit des Lichtbogens erkannte und herstellen lernte. Die Vereinigung der beiden Elemente erfolgt erst bei Temperaturen über 2000°. Das entstandene Stickstoffoxyd muß rasch gekühlt werden, dann verbindet es sich weiter mit Sauerstoff zu Dioxyd NO_2. Dieses wird von Wasser absorbiert und in Salpetersäure übergeführt.

Die elektrothermische Verbrennung von Stickstoff ist nur dort wirtschaftlich durchführbar, wo natürliche Wasserkräfte als billige Energiequelle zur Verfügung stehen.

Mit geringerem Energieaufwand und besserer Ausbeute arbeitet das andere Verfahren, das auf der Verbrennung des Ammoniaks beruht.

In die mit Salmiakgeist gefüllte Flasche (Abb. 66) wird Luft oder Sauerstoff ein-geblasen; das Ammoniak-Luftgemisch kommt in der Kugelröhre mit erwärmtem Platin-asbest (mit feinverteiltem Platin überzogener Asbest) in Berührung. Dieser glüht auf, und alsbald werden im Kolben gelblich-braune Dämpfe von Stick-stoffdioxyd sichtbar.

Gießt man in den Kolben Wasser und schüttelt, so verschwindet die Farbe, während das Gas sich löst; die Lösung reagiert sauer.

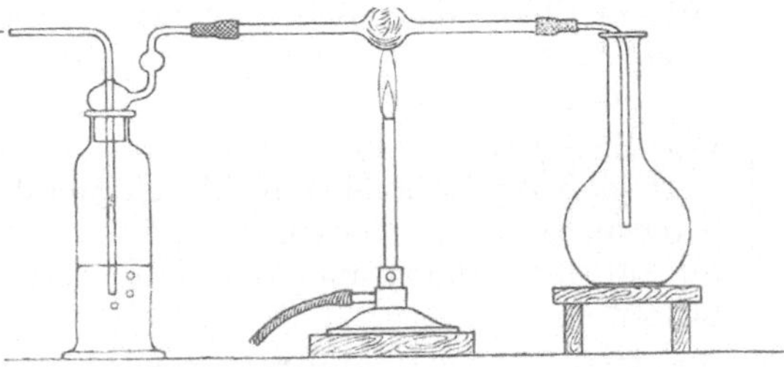

Abb. 66. Oxydation von Ammoniak.

Auf diesem Wege wird heute in Deutschland fast alle Sal-petersäure gewonnen; dazu wird das synthetische Ammo-niak verwendet.

Die reine Salpetersäure ist eine farblose Flüssigkeit, die stechend sauer riecht und an der Luft raucht. Beim Erhitzen zerfällt sie teilweise in Stick-stoffdioxyd, Sauerstoff und Wasser. Diese Zersetzung wird schon bei gew. Temperatur durch das Licht bewirkt. Sie gibt sich durch die von dem Stick-stoffdioxyd verursachte Gelbfärbung der Säure zu erkennen. Die konzentrierte Salpetersäure des Handels hat das Raumgew. 1,4 und siedet bei 120°; sie enthält etwa 32 % Wasser.

Um die Zersetzung möglichst zu verhindern, destilliert man im Vakuum, wo das Sieden schon bei niedrigerer Temperatur erfolgt.

Ein glühender Holzspan brennt in hochkonzentrierter Salpetersäure weiter, Sägespäne und Stroh vermag sie zu entzünden. Verschiedene Farbstoffe, z. B. Indigo, werden durch Salpetersäure mittlerer Konzentration beim Erwärmen zerstört. Haut und Federn werden von konzentrierter Salpetersäure gelb gefärbt.

‖ Hoch konzentrierte Salpetersäure wirkt kräftig oxydierend.

Da sie die Haut stark angreift und schwer heilende Wunden erzeugen kann. so ist beim Arbeiten mit der Säure große Vorsicht geboten.

Übergießt man Kupfer mit Salpetersäure, so entwickelt sich alsbald Stickstoffoxyd, das, an sich ein farbloses Gas, mit dem Sauerstoff der Luft sofort in braunes Stickstoff-dioxyd übergeht. Das Metall wird nach und nach aufgezehrt: es entsteht eine blaue Lö-sung von salpetersaurem Kupfer.

‖ Die meisten Metalle werden von Salpetersäure energisch angegriffen.

Die Salpetersäure erleidet bei diesem Vorgang eine ähnliche Zersetzung wie die konzentrierte Schwefelsäure bei Einwirkung von Kupfer. Die gleiche Wirkung üben Quecksilber und Silber auf Salpetersäure aus, sie geben dabei ebenfalls als salpetersaure Salze in Lösung. Das salpetersaure Silber ist als „Höllenstein" bekannt; es dient als Reagens auf Salzsäure und Chloride.

Eisen, Zink, Magnesium entwickeln in verdünnter Salpetersäure ebenso wie in Salz- und Schwefelsäure Wasserstoff. Bei sehr starker Verdünnung entweicht kein Wasserstoff mehr, dafür läßt sich nach einiger Zeit aus der Lösung Ammoniak frei machen. Die Säure hat also (durch den Wasserstoff) eine weitgehende Reduktion erfahren.

Gold und Platin werden von Salpetersäure allein ebensowenig wie von Salzsäure angegriffen, dagegen wohl von einem Gemisch aus 1 Vol. konzentrierter Salpetersäure und 3 Vol. konzentrierter Salzsäure. Wegen der lösenden Wirkung auf Gold, den „König der Metalle", erhielt das Säuregemisch den Namen Königswasser. Seine Wirkung beruht auf dem Gehalt an freiem Chlor, das die Metalle in Chloride verwandelt.

Auch Metalloxyde und Hydroxyde werden von Salpetersäure unter Salzbildung aufgelöst.

Wie die Salzsäure gibt auch Salpetersäure nur eine Reihe von Salzen; daraus folgt, daß ihr Molekül nur 1 durch Metall vertretbares H enthält. Die salpetersauren Salze werden als Nitrate bezeichnet (Nitrum = alter Name für Salpeter); daher auch der Name Nitrogenium (= Salpeterbildner) für Stickstoff.

Chilesalpeter = Natriumnitrat ist ein in reinem Zustand farbloses Salz.

Er löst sich sehr leicht in Wasser, die Lösung ist neutral. Die farblose Flamme färbt er gleich dem Kochsalz leuchtend gelb. Beim Erhitzen im Reagenzglas schmilzt er unter Abgabe von Sauerstoff; Holzkohle und Schwefel verbrennen explosionsartig in Berührung mit schmelzendem Salpeter.

Kalisalpeter = Kaliumnitrat kristallisiert in Prismen oder Nadeln.

Er färbt die Flamme violett (Kennzeichen von Kalium); sonst verhält er sich ähnlich wie Chilesalpeter.

Er dient zur Herstellung des schwarzen Schießpulvers (ein Gemenge von 75 % Salpeter, 13 % Holzkohle und 12 % Schwefel).

Erhitzt man im Glühröhrchen ein Gemenge von Salpeter und der 20fachen Menge Eisenpulver, so entweicht Stickstoff. Der Rückstand enthält Kaliumoxyd und Eisenoxyd.

Aus den Ergebnissen der quantitativen Analyse gewisser Nitrate hat man die Formel HNO_3 für die Salpetersäure abgeleitet. Die Formeln für Natrium- und Kaliumsalpeter sind $NaNO_3$ und KNO_3.

Anwendung. Verdünnte Salpetersäure dient zum „Lösen" und Ätzen von Metallen (Kupferdruck) und zur Herstellung verschiedener Nitrate. Da man sie früher zur Trennung von Gold und Silber benützte, erhielt sie den Namen „Scheidewasser". Konzentrierte Salpetersäure ist ein häufig verwendetes Oxydationsmittel; hauptsächlich dient sie, gemischt mit konz. Schwefelsäure, zur Bereitung von Farbstoffen und Sprengstoffen (Schießbaumwolle und Nitroglyzerin).

Stickstoffoxyd oder Stickoxyd entsteht, wie schon erwähnt, bei Einwirkung gewisser Metalle, z. B. Kupfer auf Salpetersäure. Das Stickoxyd ist ein farbloses, in Wasser wenig lösliches Gas. Wird es durch eine Röhre über glühendes Kupfer geleitet, so entsteht reiner Stickstoff, während das Metall oxydiert wird.

Sein Litergewicht ist 1,34 g; daraus berechnet sich das Molekulargewicht 30, dem die Formel NO entspricht. Seine wichtigste Reaktion ist die Bildung von braunem Stickstoffdioxyd, sobald es mit Sauerstoff oder Luft zusammentrifft. 2 Vol Stickoxyd vereinigen sich unter Erwärmung mit 1 Vol. Sauerstoff:

$$2\,NO + O_2 \longrightarrow 2\,NO_2.$$

Stickstoffdioxyd bildet sich immer, wenn Nitrate von der Formel $Me(NO_3)_2$, z. B. Bleinitrat, erhitzt werden. Bei deren Zersetzung entsteht zugleich Sauerstoff und das Oxyd des betreffenden Metalls. Die Zusammensetzung des braunen Gases läßt sich aus seiner Bildung aus Stickoxyd und Sauerstoff erschließen.

Bedeutung und Kreislauf des Stickstoffs. Während alle grünen Pflanzen imstande sind, das Kohlendioxyd und den Sauerstoff der Luft aufzunehmen, besitzen nur gewisse Bakterien die Fähigkeit, den freien Stickstoff zu assimilieren, d. h. in organische Verbindungen überzuführen. Besonders bedeutungsvoll ist das Vorkommen solcher Bakterien in knöllchenförmigen Anschwellungen an den Wurzeln vieler Schmetterlingsblütler (Klee, Lupine, Esparsette u. a.). Sie binden den Stickstoff der Bodenluft und erweisen dadurch ihren Wirtspflanzen einen wertvollen Dienst.

Die genannten Pflanzen sind deshalb als „Stickstoffsammler" wertvoll und werden vielfach zur Verbesserung des Bodens angebaut und zur Gründüngung verwendet.

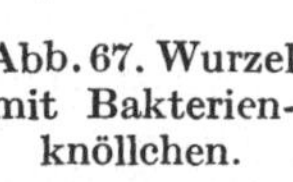

Abb. 67. Wurzel mit Bakterienknöllchen.

Der Stickstoff ist ein wesentlicher Bestandteil der für das Leben wichtigsten Stoffe, der **Eiweißverbindungen**; aus ihnen bestehen das Protoplasma der Zellen, Blut, Fleisch und viele andere Teile der Lebewesen. Im Verein mit Kohlenstoff, Sauerstoff und Wasserstoff bildet er die Grundlage alles Lebens auf der Erde. Die Stickstoffverbindungen tierischer Ausscheidungen und der Körper abgestorbener Organismen gehen bei der Fäulnis in Ammoniak über, das durch die Tätigkeit von Bodenbakterien zu Salpetersäure oxydiert wird. Diese setzt sich mit Mineralstoffen, z. B. kohlensaurem Kalk, Natrium- und Kaliumverbindungen zu salpetersauren Salzen um. So erklärt sich das häufige Auftreten von Mauersalpeter an den Wänden von Stallungen.

In warmen Ländern, wo die Fäulnis und Verwesung organischer Stoffe sowie die Verwitterung der Gesteine verhältnismäßig rasch erfolgen, auch die Organismen eine gesteigerte Lebenstätigkeit entfalten, kommt es zu reichlicher Salpeterbildung (sal petrae = Felsensalz). So wird noch heute in Ostindien viel Kalisalpeter gewonnen. In regenarmen Wüstengebieten von Nordchile und dem angrenzenden Peru haben sich unter besonderen Bedingungen riesige Lager von Natronsalpeter gebildet.

Aus den Nitraten des Bodens beziehen die Pflanzen den Stickstoff zum Aufbau ihres Körpers. Menschen und Tiere sind in letzter Linie auf die von Pflanzen bereiteten organischen Stickstoffverbindungen angewiesen.

Geschichtliches. Solange die Ernte ganz an Ort und Stelle verzehrt wurde, genügte die altgewohnte Stalldüngung, um mit Hilfe des Kleebaues und der „Brache" die Felder fruchtbar zu erhalten. Als mit der Zunahme des Verkehrs die Erzeugnisse des Feld- und Gartenbaues in die Industriegebiete wanderten, mußte man zum „Kunstdünger" übergehen. Während man früher den Wert der Düngung in der Rückgabe organischer Stoffe an den Boden erblickte, wies Justus v. Liebig 1840 nach, daß die Pflanze dem Boden Mineralstoffe (Nährsalze) entzieht und diese wieder ersetzt werden müssen.

Als künstlicher Stickstoffdünger diente zunächst der Chilesalpeter, von dem Deutschland 1913 etwa 700 000 t eingeführt hat; ein Teil hiervon mußte allerdings Salpetersäure für die Farb- und Sprengstofftechnik liefern. Seit 60 Jahren kam das Ammoniak der Gaswerke in Form von Ammonsulfat hinzu und die Not der letzten Jahre hat die Nutzbarmachung des Luftstickstoffes gelehrt.

Aufgaben: 1. Ergänze $NaNO_3 + H_2SO_4 \rightarrow$? Was tritt ein, wenn hierbei der Chilesalpeter mit Kochsalz verunreinigt ist? — 2. Formuliere die Neutralisation von Natronlauge und Kalkwasser mit Salpetersäure! — 3. Auf welche Weise kann man die Nitrate von Blei und Quecksilber herstellen? — 4. $Pb(NO_3)_2 \rightarrow PbO + O +$? Was besagt die Gleichung? — 5. Durch welche Reaktionen kann man die Salpetersäure erkennen? — 6. Ergänze $xCu + yHNO_3 \rightarrow xCuO + H_2O + yNO$! $CuO + xHNO_3 \rightarrow$? — 7. Wie erklärt sich das Auftreten von Stickoxyd beim Übergießen von Kupferspänen mit Salpeterlösung und Zusatz von konzentrierter Schwefelsäure?

§ 29. Wertigkeit oder Valenz.

Ein Vergleich der Formeln HCl, H_2O, NH_3 hat zu den folgenden Vorstellungen veranlaßt:

Das Chloratom kann sich nur mit einem Wasserstoffatom verbinden, es ist daher seine Verbindungsfähigkeit mit einem Wasserstoffatom gesättigt. Das Sauerstoffatom ist erst gesättigt, wenn es mit zwei, das Stickstoffatom, wenn es mit drei Wasserstoffatomen vereinigt ist. Das Chloratom besitzt offenbar dem Wasserstoff gegenüber die kleinste Zahl von Bindestellen, eine größere das Sauerstoffatom und eine noch größere das Stickstoffatom. Man nennt diese Zahlen die Wertigkeit oder Valenz der Elemente. Wasserstoff und Chlor werden als einwertig bezeichnet, sie besitzen nur eine Bindungseinheit oder Valenz und damit wird gleichsam die Wertigkeit der übrigen Elemente gemessen. Einwertig sind ferner Brom, Jod, Natrium, Kalium, Silber; der Sauerstoff ist zwei-, der Stickstoff dreiwertig.

Unter Wertigkeit verstehen wir jene Anzahl von Wasserstoffatomen, welche ein Atom des betreffenden Elementes binden oder ersetzen kann.

Um die Wertigkeit eines Elementes auszudrücken, benützt man entweder römische Ziffern, die man über das Symbol schreibt, oder man versieht das Symbol mit der entsprechenden Anzahl von Strichen. Die Zweiwertigkeit des Sauerstoffs kann daher in folgender Weise ausgedrückt werden:

$$O^{II} \quad \text{oder} \quad O = \quad \text{oder} \quad -O-.$$

Die Wertigkeit eines Elementes ist nicht unter allen Bedingungen eine gleich große. So tritt der Stickstoff nicht immer drei-, sondern auch fünfwertig auf. Gegen Wasserstoff für sich oder Chlor für sich ist er nur dreiwertig; kann er sich aber gleichzeitig mit beiden verbinden, so wirkt er als fünfwertiges Element, wie z. B. in NH_4Cl. Außer von der Natur der einwirkenden Stoffe hängt die Wertigkeit anscheinend auch oft von der Temperatur ab; denn manche Verbindungen zerfallen beim Erhitzen in einfachere.

Von je zwei einwertigen Elementen kann nur eine Verbindung existieren, so von Chlor und Natrium nur die Verbindung $Na-Cl$. Ein Atom eines zweiwertigen Elementes kann sich mit zwei einwertigen Atomen oder mit einem zweiwertigen Atom verbinden, wie ein Sauerstoffatom mit zwei Wasserstoff-atomen oder mit einem zweiwertigen Quecksilberatom in folgender Weise:

$$O = H_2 \qquad O = Hg,$$

ein dreiwertiges Atom mit drei einwertigen, oder einem zweiwertigen und einem einwertigen, oder mit einem dreiwertigen.

Ein Atom eines einwertigen Elementes läßt sich durch ein Atom eines andern einwertigen Elementes ersetzen, z. B. ein Atom Wasserstoff durch ein Atom Natrium. Es sind daher diese Atome gleichwertig oder einander äquivalent. Ebenso sind die zweiwertigen unter sich äquivalent, die dreiwertigen Atome unter sich usf. Ein Atom eines zweiwertigen Elementes kann nur durch zwei Atome eines einwertigen vertreten werden. Daher ist ein Atom eines zwei-wertigen Elementes äquivalent zwei Atomen eines einwertigen, ein Atom eines dreiwertigen drei Atomen eines einwertigen usw.

Was über die Wertigkeit der Atome ausgeführt wurde, gilt natürlich auch für Atomgruppen, welche als solche Verbindungen eingehen. Einwertig sind z. B. die Hydroxylgruppe OH, der Salpetersäurerest NO_3, das Ammonium NH_4; zweiwertig ist der Schwefelsäurerest SO_4.

§ 30. Ionenlehre.

Alle Metalle sowie Graphit, Retortenkohle und einige andere feste Stoffe leiten den elektrischen Strom, ohne durch denselben eine chemische Ver-änderung zu erleiden. Man nennt diese Stoffe metallische Leiter oder Leiter 1. Klasse.

In Wasser gelöste Salze, Säuren und Basen leiten ebenfalls den Strom, werden aber bei dessen Durchgang zersetzt. Man bezeichnet diese Stoffe als Elektrolyte oder Leiter 2. Klasse.

Eine dritte Gruppe bilden jene Stoffe, die (auch in wäs-seriger Lösung) den Strom nicht leiten. Zu diesen gehören alle chemischen Verbindungen, welche nicht Säuren, Basen oder Salze sind, z. B. Zucker, Alkohol, Glyzerin.

Die Erforschung der Vorgänge bei der Elektrolyse hat zur Erkenntnis wichtiger Gesetze geführt.

Wird unter Anwendung von Platinelektroden der elektrische Strom durch eine wässerige Lösung von Kupfersulfat geleitet, so scheidet sich an der Kathode metallisches Kupfer ab, während an der Anode Sauerstoff entwickelt wird und zugleich freie Schwefelsäure entsteht.

Das erklärt sich so: Zunächst wird an der Anode SO_4 abge-schieden; diese zersetzt H_2O nach der Gleichung:

$$SO_4 + H_2O \rightarrow H_2SO_4 + O.$$

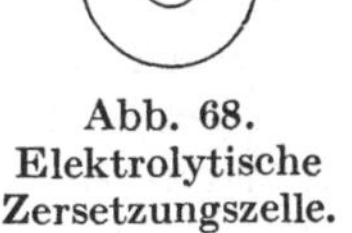

Abb. 68.
Elektrolytische
Zersetzungszelle.

Bei der Elektrolyse aller Salze in wässeriger Lösung wird an der Kathode das betreffende Metall, an der Anode der Säurerest abgeschieden. Ob dabei die abgeschiedenen Stoffe wirklich erhalten werden oder nicht, hängt von ihrem Verhalten zum Wasser und zu den angewendeten Elektroden ab.

Bei der Elektrolyse einer wässerigen Chlornatriumlösung unter Verwendung einer Graphitanode wird an der Anode Chlor abgeschieden; an der Kathode erhält man statt des metallischen Natriums Wasserstoff, da das zunächst freigewordene Natrium sofort auf Wasser einwirkt:

$$\text{Na} + \text{H}_2\text{O} \longrightarrow \text{NaOH} + \text{H}.$$

Bei der Elektrolyse verdünnter Schwefelsäure wird an der Kathode Wasserstoff und an der Platinanode Sauerstoff entwickelt; das an der Anode frei abgeschiedene SO_4 zersetzt, wie oben erwähnt, das Wasser. Besteht hierbei die Anode aus Kupfer, so löst das SO_4 Kupfer zu $CuSO_4$, was die eintretende Blaufärbung im Anodenschenkel erkennen läßt.

Bei der Elektrolyse von Natronlauge erhält man an der Kathode, wie bei der Chlornatriumelektrolyse, statt Natrium Wasserstoff; an der Anode entwickelt sich Sauerstoff, der sich aus den nach ihrer Abscheidung nicht beständigen OH-Gruppen bildet:

$$2\,\text{OH} = \text{H}_2\text{O} + \text{O}.$$

Trockenes Kupfersulfat, festes Chlornatrium, und trockenes Natriumhydroxyd sowie wasserfreie Schwefelsäure sind **Nichtleiter**. Durch das Auflösen in Wasser müssen daher die Stoffe eine Veränderung erfahren. Aus diesen und aus anderen Gründen, auf die hier nicht eingegangen werden kann, nimmt man an, daß sich die Moleküle der Salze, Säuren und Basen in der wässerigen Lösung in gewisse Bestandteile spalten, welche den elektrischen Strom durch die Flüssigkeit transportieren. Die einen Teilstücke bringen die positive Elektrizität zur negativen Elektrode, die anderen tragen die negative Elektrizität zur positiven Elektrode. Aus dem Verhalten des Kupfersulfats schließt man, daß sich $CuSO_4$ in positiv geladenes Cu und negativ geladenes SO_4 trennt. Ähnlich nimmt man an, daß sich NaCl in $+$ Na und $-$ Cl, ferner H_2SO_4 in positiv geladene Wasserstoffatome und negatives SO_4, endlich NaOH in $+$ Na und $-$ OH spalten. Da der Stromdurchgang auf der Bewegung dieser Spaltstücke beruht, nannte **Faraday** diese Teilchen **Ionen** ($=$ Gehende).

Die zur Kathode wandernden positiv geladenen Ionen heißen Kationen; sie werden an der Kathode entladen. Die negativ geladenen Ionen heißen Anionen; sie werden an der Anode entladen.

Erst durch die Entladung wird das Cu-Ion zum gewöhnlichen Kupferatom, ebenso das Na-Ion zum Natriumatom, das H-Ion zum Wasserstoffatom, das Chlor-Ion zum gewöhnlichen gasförmigen Chlor.

Durch ihre elektrische Ladung haben die Ionen ganz andere Eigenschaften angenommen, als die betreffenden Atome und Atomgruppen im nicht ionisierten Zustand besitzen. Das Cu-Ion hat blaue Farbe, das Natrium-Ion wirkt nicht auf Wasser ein, das Cl-Ion ist farb- und geruchlos und nicht giftig.

Die Menge der an den Elektroden abgeschiedenen Stoffe wird durch die **Stromstärke in Ampere** bestimmt. Freilich muß die Stromquelle eine (für jeden Elektrolyten andere) **Mindestspannung in Volt** besitzen, damit der Strom überhaupt hindurchgeht.

Die aus verschiedenen Elektrolyten durch den **gleichen Strom** in der **gleichen Zeit** abgeschiedenen Stoffmengen sind gleichwertig.

Daraus ergibt sich, daß alle einwertigen Ionen mit der gleich großen Elektrizitätsmenge, zweiwertige Ionen mit zweimal, dreiwertige mit dreimal so großer Elektrizitätsmenge geladen sind. Da die Elektrolyte nach außen elektrisch ungeladen erscheinen, so müssen die entgegengesetzt geladenen Ionen immer paarweise vorhanden sein.

Zur Bezeichnung der Ionen wird für die positive Ladung ein ˙ und für die negative Ladung ein ′ hinter das Symbol gesetzt. Die folgenden Formeln veranschaulichen die Ionenspaltung für einige Säuren, Basen und Salze:

<table>
<tr><td>

Säuren Kation Anion
$$HCl \rightarrow H\dot{} + Cl'$$
$$H_2SO_4 \rightarrow 2H\dot{} + SO_4''$$

</td><td>

Basen Kation Anion
$$NaOH \rightarrow Na\dot{} + OH'$$
$$KOH \rightarrow K\dot{} + OH'$$
$$Ca(OH)_2 \rightarrow Ca\ddot{} + 2OH'$$

</td></tr>
</table>

Salze Kation Anion
$$NaCl \rightarrow Na\dot{} + Cl'$$
$$CuSO_4 \rightarrow Cu\ddot{} + SO_4''.$$

Aus der Tabelle ist zu ersehen:

Alle Säuren enthalten das Kation H˙; dieses bedingt allein die saure Natur und die Stärke einer Säure wird bestimmt durch die in 1 ccm enthaltene Anzahl H-Ionen.

Alle Basen enthalten das Anion OH′; dieses ist der Träger der basischen Eigenschaften, und die Stärke einer Base wird durch die Anzahl OH-Ionen in 1 ccm bestimmt.

Die Salze sind in ihren wässerigen Lösungen in Metall-Ionen und Säurerest-Ionen gespalten. Die Salzbildung aus Säure und Base, z. B. NaOH und HCl, vollzieht sich in wässeriger Lösung wie folgt:

$$Na\dot{} + OH' + Cl' + H\dot{} \rightarrow H_2O + Na\dot{} + Cl'.$$

Die OH-Ionen der Basis vereinigen sich mit den H-Ionen der Säure zu Wasser, welches (fast) nicht dissoziiert ist, während Metall- und Säurerest-Ionen erhalten bleiben. Wird das Lösungsmittel verdampft, so vereinigen sich die Ionen zu Salzmolekülen und festes Salz scheidet sich ab, sobald der Sättigungspunkt überschritten ist.

Die meisten Reaktionen in wässeriger Lösung sind Umsetzungen von Ionen.

§ 31. Der Phosphor.

Der Phosphor kommt als Element in zwei ganz verschiedenen Zuständen in den Handel: als gelber und als roter Phosphor.

Gelber Phosphor ist frisch gelblichweiß, durchscheinend und wachsglänzend. In der Kälte ist er spröde, bei gewöhnlicher Temperatur wachsweich, so daß er sich schneiden läßt (darf nur unter Wasser geschehen!). Er schmilzt bei 44⁰ und siedet bei 290⁰, weshalb er destilliert werden kann. In geringer Menge verdampft er aber auch schon bei Zimmertemperatur.

Sein Raumgewicht ist 1,82. Beim Liegen an der Luft oxydiert er sich lebhaft, wodurch das Rauchen und das eigentümliche Leuchten im Dunkeln bedingt ist (daher sein Name von phos = Licht und phoros = tragend).

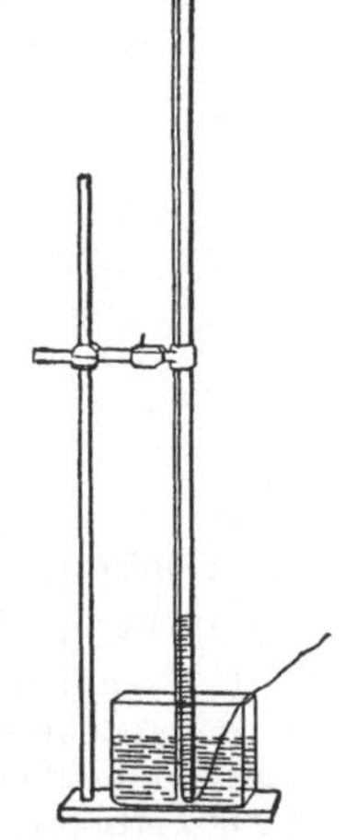

Abb. 69.

Daß sich gelber Phosphor schon bei gewöhnlicher Temperatur mit Sauerstoff verbindet, beweist der Versuch Abb. 69. Mit Hilfe eines dünnen Drahtes schiebt man ein Stückchen Phosphor in die einseitig zugeschmolzene Glasröhre und stellt diese mit der

Mündung in Wasser. Langsam steigt dieses in die Röhre, bis $\frac{1}{5}$ des abgesperrten Luftvolumes verbraucht ist.

In Wasser ist er unlöslich; allerdings ist Wasser, in welchem gelber Phosphor längere Zeit gelegen hat, giftig. Leicht löst sich gelber Phosphor in Schwefelkohlenstoff.

Seine Entzündungstemperatur liegt sehr niedrig, bei etwa 60°. Daher muß er immer unter Wasser aufbewahrt werden. Ließe man ihn an der Luft liegen, so würde durch die stattfindende Oxydation die Temperatur nach und nach bis zur Entzündung steigen.

Besonders rasch oxydiert er sich im fein verteilten Zustand, in welchem er zurückbleibt, wenn man eine Losung des Phosphors in Schwefelkohlenstoff auf einen Papierstreifen gießt und verdunsten läßt. Bald tritt dann von selbst Entzündung ein.

Er ist ein sehr **heftiges Gift**, geringe Mengen schon wirken tödlich. Luft, die Phosphordampf enthält, längere Zeit eingeatmet, verursacht eine sehr schwere Kieferkrankheit (Phosphornekrose). Ein Gegenmittel bei Phosphorvergiftung ist Magnesiumhydroxyd, welches mit Phosphor eine unlösliche Verbindung bildet.

Belichtet man in eine Glasröhre eingeschlossenen gelben Phosphor an der Sonne, so bedeckt er sich alsbald mit einer roten Kruste.

Durch Einwirkung des Lichtes, besonders schnell im Sonnenlicht, verwandelt sich der gelbe Phosphor in den roten. Im großen stellt man diesen durch Erhitzen des gelben Phosphors in geschlossenen Gefäßen auf 250 bis 300° her.

Der rote Phosphor bildet ein rotbraunes geruchloses Pulver, das sich erst bei 260° entzündet. Er ist unlöslich in Schwefelkohlenstoff und **nicht giftig**. Sein Raumgewicht ist 2,19. Der rote Phosphor hat also ganz andere Eigenschaften als der gelbe. Beide geben aber dieselben Verbindungen; sie bilden also nur verschiedene Erscheinungsformen desselben Grundstoffes.

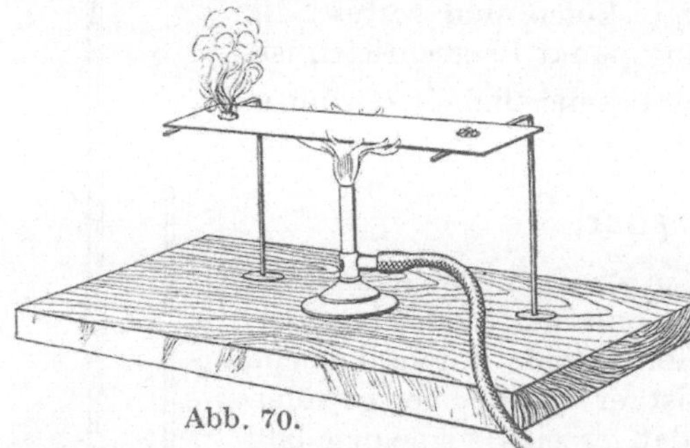

Abb. 70.

Legt man in flache Vertiefungen an den Enden eines Kupferblechstreifens kleine Mengen gelben bzw. roten Phosphor und stellt unter die Mitte eine Flamme, so entzündet sich der gelbe nach wenigen Augenblicken, der rote erst nach längerer Zeit (Abb. 70).

Anwendung. Gelber Phosphor wird als Mäuse- und Rattengift verwendet. Die Hauptmenge des Phosphors verbraucht die Zündholzindustrie.

1845 kamen die an jeder Reibfläche zündbaren sog. Schwefelhölzer in den Handel, in deren Köpfchen sich gelber Phosphor befand. Der Giftigkeit und allzu leichten Entzündlichkeit halber ist ihre Herstellung und ihr Verkauf in Deutschland seit 1903 verboten.

Die Herstellung der schwedischen Zündhölzer gründet sich auf die Tatsache, daß roter Phosphor beim Zusammenreiben mit etwas Kaliumchlorat (einem leicht Sauerstoff abgebenden weißen Salz) sich entzündet. Das Köpfchen der schwedischen Zündhölzchen besteht aus Kaliumchlorat, Braunstein, Schwefelantimon und einem

Bindemittel, enthält also keinen Phosphor. Auf der Reibfläche befindet sich roter Phosphor, gemengt mit Schwefelantimon, Glaspulver und einem Bindemittel. Sie entzünden sich daher leicht nur an dieser Reibfläche. Um die Verbrennung sicherer auf das Holz zu übertragen, wird dieses mit Paraffin oder Stearin getränkt. Die schwedischen Zündhölzchen wurden 1848 von dem Frankfurter Böttcher erfunden, aber zuerst von Jönköping in Schweden in die Welt versandt.

Hält man die braune Reibfläche einer Zündholzschachtel einen Augenblick an eine Flamme, so beobachtet man ein grünliches Flämmchen.

In neuerer Zeit kehrt man zum alten Funkenfeuerzeug zurück, indem man eine Cereisenlegierung gegen Stahl reibt und durch die so hervorgerufenen sehr heißen Funken Benzin entflammt.

Phosphorpentoxyd und Phosphorsäure. *Verbrennt man (roten oder gelben) Phosphor in trockener Luft unter einer Glasglocke (Abb. 71), so erhält man ein weißes Pulver.*

Abb. 71. Verbrennung von Phosphor.

Die Zusammensetzung des Verbrennungsproduktes drückt man durch die Formel P_2O_5 aus; darnach wurde es Pentoxyd genannt (pente = 5).

1 g Phosphor liefert 2,29 g Oxyd; 31 g Phosphor ($= 1$ Atomgew.) verbinden sich also mit 40 g Sauerstoff ($= 2\frac{1}{2}$ Atomg. O) oder 2 Atomg. P mit 5 Atomg. O.

Das Phosphorpentoxyd bildet ein weißes, schneeiges Pulver, das ausgezeichnet ist durch die große Begierde, mit der es Wasser anzieht und sich damit verbindet. (Darauf beruht seine Verwendung als Trockenmittel für Gase.)

Bringt man das Oxyd in Wasser, so erfolgt die Vereinigung beider Stoffe unter Zischen. Mit dem Überschuß des Wassers entsteht eine saure Lösung.

Durch Vereinigung des Phosphorpentoxyds mit Wasser bildet sich Phosphorsäure, H_3PO_4.

Die Phosphorsäure bildet nach dem Abdampfen einen dicken farblosen Sirup, der beim Stehen zu farblosen Kristallen erstarrt. Diese ziehen aus der Luft Wasser an und zerfließen. In Wasser ist sie in allen Verhältnissen löslich. Sie ist geruchlos und besitzt einen rein sauren Geschmack; sie ist nicht giftig und wird Limonaden zugesetzt.

Wässerige Phosphorsäure löst Metalle, z. B. Magnesium unter Wasserstoffentwicklung. Die wasserfreie, nicht flüchtige Säure bildet beim Schmelzen mit Metalloxyden, z. B. Bleioxyd, Verbindungen.

Durch Verschmelzen von Metalloxyden mit Phosphorsäure stellt Zeiss in Jena Gläser für besondere Zwecke her.

Das wichtigste Salz der Phosphorsäure ist das Calciumphosphat $Ca_3(PO_4)_2$.

Dieses kommt als Phosphorit in größerer Menge vor. In geringer Menge fein verteilt ist das phosphorsaure Calcium in jedem Ackerboden enthalten. Nachdem es von den Wurzeln durch abgeschiedene Säuren gelöst worden ist, wird das Phosphorsäure-Ion zugleich mit dem Calcium-Ion als unentbehrlicher Nährstoff von den Pflanzen aufgenommen. Die Pflanzen verarbeiten in ihren Zellen das PO_4-Ion zu organischen Phosphorverbindungen; diese gelangen auf dem Wege der Ernährung in den menschlichen und tierischen Körper, wo sie zur Bildung der Knochen verwendet werden. Letztere bestehen der Hauptsache nach aus phosphorsaurem Calcium (58 %) und sogenannter leimgebender oder Knorpelsubstanz (32 %).

Außerdem enthalten die Knochen Fett, kleine Mengen von kohlensaurem Kalk und Fluorcalcium. Bei der technischen Verwertung entzieht man den Knochen das Fett mit Benzol; durch Erhitzen mit Wasser im Druckkessel geht die Knorpelsubstanz als Leim in Lösung. Die unorganische Masse der Knochen ist ein wertvolles Düngemittel (Knochenmehl und Knochenasche).

Auch in der Gehirn- und Nervensubstanz sind Phosphorverbindungen enthalten, durch deren Oxydation im Stoffwechsel unsere geistige Arbeitsleistung bedingt wird. Durch menschliche und tierische Ausscheidungen (Phosphate im Harn) sowie durch die Verwesung abgestorbener Organismen kehrt der Phosphor in Form phosphorsaurer Salze wieder in die unorganische Welt, aus der er kam, zurück.

Zum Ersatz des dem Boden durch die Ernte entzogenen Phosphors dienen phosphorhaltige Düngemittel, deren wichtigste sind: gemahlene Thomasschlacke (von der Verhüttung phosphorhaltiger Eisenerze herrührend), Superphosphat, d. i. mit Schwefelsäure löslich gemachtes Calciumphosphat, und Guano (Vogeldünger aus der Südsee).

Darstellung In neuerer Zeit wird der Phosphor gewonnen, indem man ein Gemisch von Phosphorit, Sand und Kohle in einem aus feuerfesten Steinen gebauten Ofen, aus dem die Luft durch ein sauerstofffreies Gas verdrängt ist, der Hitze des elektrischen Flammbogens aussetzt. Der destillierende Phosphor wird unter Wasser aufgefangen. Auf diese Weise erhält man den Phosphor in seiner gelben Form.

Geschichtliches. Der Phosphor wurde 1669 von dem Alchimisten Brand in Hamburg entdeckt. Als dieser auf der Suche nach einem Mittel, welches Silber in Gold verwandeln könnte, menschlichen Harn eindampfte und den Rückstand bei Luftabschluß glühte, erhielt er durch die reduzierende Wirkung der verkohlten organischen Substanz auf das Natriumphosphat des Harns gelben Phosphor, der ihm durch das Leuchten im Dunkeln auffiel. Der neue Stoff erregte große Bewunderung und trug dem geschäftskundigen Entdecker viel Geld ein. Erst nachdem 100 Jahre später Scheele das Vorkommen des Phosphors in den Knochen nachgewiesen hatte, stellte man ihn in größerer Menge her.

§ 32. Der Kohlenstoff (Carbonium).

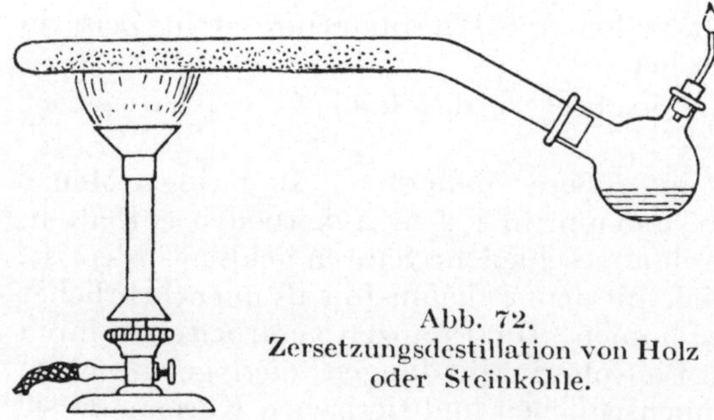

Abb. 72.
Zersetzungsdestillation von Holz
oder Steinkohle.

Schiebt man einen brennenden Holzspan langsam in ein waagrecht gehaltenes Reagenzglas, so verkohlt er, denn die Flamme brennt nur da weiter, wo genügend Luft hinzutreten kann.

Wird Holz, wie in Abb. 72 angedeutet, erhitzt, so bleibt als Rückstand Holzkohle, in der Vorlage sammelt sich Holzteer und saures Teerwasser an, das entstandene Gas entweicht und ist brennbar.

Amorpher Kohlenstoff. Beim Erhitzen unter Luftabschluß erleiden die meisten organischen Stoffe eine weitgehende Zersetzung. Der Vorgang wird als trockene Destillation, richtiger als Zersetzungsdestillation bezeichnet.

Wird eine organische Substanz der Zersetzungsdestillation unterworfen, so entstehen im allgemeinen drei Stoffgruppen: 1. gasförmige; 2. flüssige, Teer und Teerwasser; 3. feste Stoffe. Letztere bleiben als Rückstand in dem Erhitzungsgefäß und bestehen aus Kohlenstoff, der aber gewöhnlich nicht rein ist.

Die gleiche Zersetzung tritt bei der Verbrennung unter beschränkter Luftzufuhr ein. Auf einer solchen Zersetzung beruht die Gewinnung von Holzkohle, Knochenkohle, Koks und Ruß.

Holzkohle wird in waldreichen Gegenden noch heute, wie seit Jahrtausenden, in Meilern hergestellt. Große Holzstöße werden, mit Erde und Rasen bedeckt, angezündet; durch eingestoßene Löcher regelt man den Luftzutritt so, daß das Holz nur verkohlt. Die gas- und dampfförmigen Produkte gehen hierbei verloren. Um diese zu gewinnen, destilliert man jetzt meist in Retorten und erhält so u. a. Holzgeist, Essigsäure und fäulnishemmende teerige Stoffe.

Die Holzkohle zeigt noch den Bau des Holzes. Sie besteht nicht aus reinem Kohlenstoff, sondern enthält besonders noch anorganische Bestandteile, die beim Verbrennen als Asche zurückbleiben.

Bringt man ein Stückchen — in einer Eisenschale unter Sand — ausgeglühte Holzkohle noch heiß in einen über Quecksilber mit Ammoniakgas gefüllten kleinen Zylinder, so steigt alsbald das Quecksilber.

Holzkohle besitzt in hohem Grade die Eigenschaft, Gase in ihre Poren aufzunehmen. Daher dient sie zum Filtrieren von Wasser, dem sie übelriechende Stoffe entzieht. Als Heiz- und Reduktionsmittel spielt sie eine wichtige Rolle bei der Gewinnung der Metalle. Wegen ihrer Unveränderlichkeit und fäulniswidrigen Wirkung werden Pfähle, die in den Boden eingerammt werden sollen, oberflächlich verkohlt; Trinkwasser pflegt man auf Schiffen in innen verkohlten Tonnen aufzubewahren.

Knochenkohle, welche durch Erhitzen von Knochen in bedeckten Töpfen erhalten wird, ist eine sehr unreine Kohle; sie besteht hauptsächlich aus phosphorsaurem Calcium, das von feinverteilter Kohle durchdrungen ist.

Wird Lackmuslösung mit gepulverter Knochenkohle gekocht und filtriert, so wird sie entfärbt.

Die Knochenkohle ist besonders ausgezeichnet durch die Fähigkeit, aufgelöste Farb- und Riechstoffe in sich aufzunehmen und festzuhalten. Daher wird sie in großen Mengen zum Entfärben des Rübensaftes in der Zuckerfabrikation benützt.

Koks. Wird Steinkohle der Zersetzungsdestillation unterworfen, so erhält man den Koks. Er wird entweder in Kokereien dargestellt oder als Nebenprodukt bei der Leuchtgasfabrikation erhalten. In Deutschland werden jetzt etwa $\frac{1}{3}$ der geförderten Steinkohlen verkokt. Koks brennt ohne Flamme. Als rauch- und rußloser Brennstoff ist er von großer Wichtigkeit; bei der Metallgewinnung wirkt er zugleich als Reduktionsmittel.

Retortenkohle. Bei der Leuchtgasherstellung bildet sich als Nebenprodukt noch eine andere Kohlenart, nämlich die Gas- oder Retortenkohle. Sie ist eine sehr dichte, glänzende Kohle und ausgezeichnet durch ihr Leitungsvermögen für Elektrizität. Daher wird sie zu Elektroden und zu den Stiften der Bogenlampen verwendet.

Ruß. Beim Verbrennen kohlenstoffreicher Substanzen, wie Teer, Harz, harzreicher Holzarten, fetter Öle, unter beschränktem Luftzutritt scheidet sich ein Teil des Kohlenstoffs fein verteilt als schwarzer Rauch aus, der sich beim Abkühlen als Ruß absetzt. Er dient zur Herstellung von Druckerschwärze, Tusche und Wichse.

Die besprochenen Kohlenstoffarten bestehen in der Hauptsache aus amorphem Kohlenstoff.

Kristallisierter Kohlenstoff findet sich in Gestalt zweier Mineralien: Graphit und Diamant.

Der **Graphit** (graphein = schreiben) kommt meist blättrig kristallinisch vor. Er ist metallglänzend, weich, abfärbend und fühlt sich fettig an. Sein Raumgewicht ist 2,25. Er findet sich im Urgebirge (Kanada, Ceylon, Sibirien, in Bayern bei Passau und in Böhmen). Künstlich entsteht Graphit bei der Roheisengewinnung. Wenn das geschmolzene Roheisen eine größere Menge von Kohlenstoff aufgelöst enthält und langsam erstarrt, so scheidet sich ein Teil des Kohlenstoffs als Graphit aus. Man verwendet ihn zur Herstellung der Bleistifte (mit Ton vermengt und geglüht), wegen seiner Unschmelzbarkeit zu Schmelztiegeln, wegen seiner Weichheit als Schmiermittel, dann zum Überziehen von Metallen, um sie vor Rost zu schützen, und als Leiter des elektrischen Stromes zu Elektroden sowie in der Galvanoplastik.

Der **Diamant** ist sehr reiner kristallisierter Kohlenstoff; er ist durchsichtig, farblos, aber auch verschieden gefärbt. Er besitzt ein sehr großes Lichtbrechungsvermögen, welches sein lebhaftes Farbenspiel und seinen starken Glanz bedingt. Der Diamant kristallisiert in Formen des regulären Systems. Die Kristalle zeigen oft gebogene Kanten und gewölbte Flächen. Sein Raumgewicht beträgt 3,5; er ist der härteste aller Stoffe. Aus seiner hohen Dichte und seinem Vorkommen in Eruptivgesteinen schließt man, daß der Diamant unter sehr hohem Druck kristallisiert ist. Man findet ihn meistens im angeschwemmten Land, besonders im Kapland, im ehemaligen Deutsch-Südwestafrika, Brasilien, Ostindien, am Ural und auf Borneo.

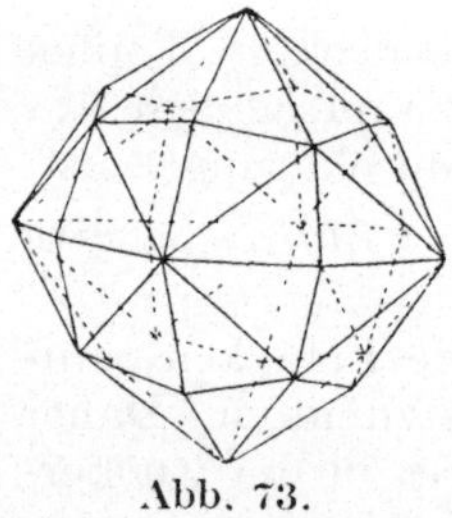

Der Diamant wird seiner großen Härte wegen zum Schneiden von Glas und Einzeichnen in dasselbe, ferner auch (besonders die schwarzen) zum Bohren harter Gesteine benützt. Erst durch Besetzung der Bohrkronen mit Diamanten sind die großen Tiefbohrungen und neuzeitlichen Tunnelbauten möglich geworden. Diamant-

Abb. 73.
Achtundvierzigflächner
(Diamant).

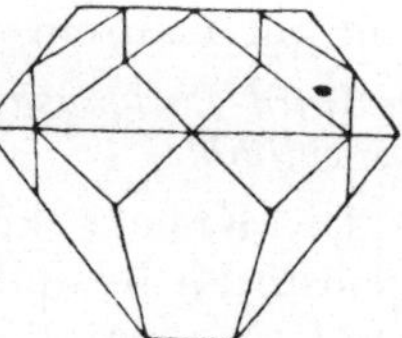
Abb. 74.
Brillant.

pulver wird zum Schleifen des Diamanten und anderer Edelsteine verwendet. Der Diamant ist der am meisten geschätzte Edelstein. Um seinen Glanz zu erhöhen, schleift man verschiedene Flächen an. Diese Flächen entsprechen keinen Kristallflächen. Bei Luftabschluß stark geglüht, geht Diamant in Graphit über.

Amorphe Kohle, Diamant und Graphit sind verschiedene Formen des Kohlenstoffs; sie verbrennen im Sauerstoff zu Kohlendioxyd; nach dem Grade der Entzündbarkeit ist Graphit die beständigste Form.

Geschichtliches. Der Kohlenstoff bildet das älteste bekannte Beispiel für das Auftreten eines und desselben Stoffes in verschiedenen Abarten. Berzelius bezeichnete zuerst diese Erscheinung als Allotropie. Diamant war schon im Altertum bekannt. Die Griechen nannten ihn Adamas, d. i. der Unbezwingliche, und knüpften an ihn die abenteuerlichsten Vorstellungen. Schon Ende des 17. Jahrhunderts war es gelungen, Diamanten mittels Brenngläser zu entzünden, und Lavoisier hatte 1773 gefunden, daß das Verbrennungsprodukt Kalkwasser trübt. V. Meyer wies nach, daß gleiche Gewichtsteile Graphit, Diamant und Ruß bei der Verbrennung dieselben Mengen Kohlendioxyd ergeben.

Bis 1727 kannte man nur indische Diamanten; in diesem Jahre entdeckte man die Fundstellen in Brasilien und 1876 die reichen Vorkommnisse in Südafrika. Für die Wertbemessung des Diamanten und anderer Edelsteine ist das Karat gebräuchlich. Darunter verstand man ursprünglich das Gewicht eines Johannisbrotkerns; heute ist ein Karat = 0,2 g. 1886 hat Moissan 0,5 mm große Diamanten hergestellt, indem er geschmolzenes, im elektrischen Ofen auf 2500⁰ erhitztes Eisen mit Kohlenstoff sättigte, rasch abkühlte und in Salzsäure auflöste.

§ 33. Die fossilen Kohlen.

Die fossilen Kohlen (fossilis = ausgegraben) stellen Gemische verwickelt zusammengesetzter Kohlenstoffverbindungen dar, welche Wasserstoff, Sauerstoff und Stickstoff enthalten; außerdem kommen darin aschebildende Stoffe vor.

Anthrazit (anthrax = Kohle) hat metallischen Glanz, ist grauschwarz und besitzt muscheligen Bruch. Er enthält häufig über 92 % Kohlenstoff und sehr wenig Unverbrennliches und ist deshalb ein hochwertiger Brennstoff; er kommt an der Ruhr, in England und besonders in Nordamerika vor.

Steinkohle ist schwarz und schwach fettglänzend. Sie enthält 75—90 % Kohlenstoff. Je nach der größeren und geringeren Gasentwicklung beim Erhitzen unterscheidet man Gas-, Flamm- und Magerkohlen. Die Steinkohle kommt in Lagern oder Flözen vor. Diese sind meist nicht sehr mächtig, liegen aber oft, durch Kalk-, Ton- und Sandsteinschichten getrennt, in großer Zahl übereinander. Im westfälischen Kohlenbecken z. B. folgen sich 69 Flöze von durchschnittlich 1 m Dicke bis zu einer Tiefe von etwa 2000 m. Zur Gewinnung der Steinkohle werden senkrechte Schächte in die Tiefe getrieben und von ihnen aus waagerechte Stollen bis an die Flöze angelegt. Dort werden die Kohlen vom Bergmann in mühevoller Arbeit mit Schlegel und Eisen oder durch Sprengung gebrochen. Der Betrieb eines Kohlenbergwerks erfordert gewaltige Maschinenanlagen (Pumpen zur Entwässerung, Ventilatoren zur Durchlüftung der Schächte und Hebezeuge zur Forderung).

Die modernen Schächte sind eiserne Röhren von 4—5 m Durchmesser. Sie enthalten je 2 an Drahtseilen hängende „Förderkörbe", die abwechselnd fallen und steigen, außerdem Rohrleitungen für das auszupumpende Wasser, Dampfleitungen, die Kabel für elektrische Beleuchtung und Kraft, sowie Fernsprech- und Signalleitungen. Die Förderwagen werden in den Stollen jetzt elektrisch gezogen. Die

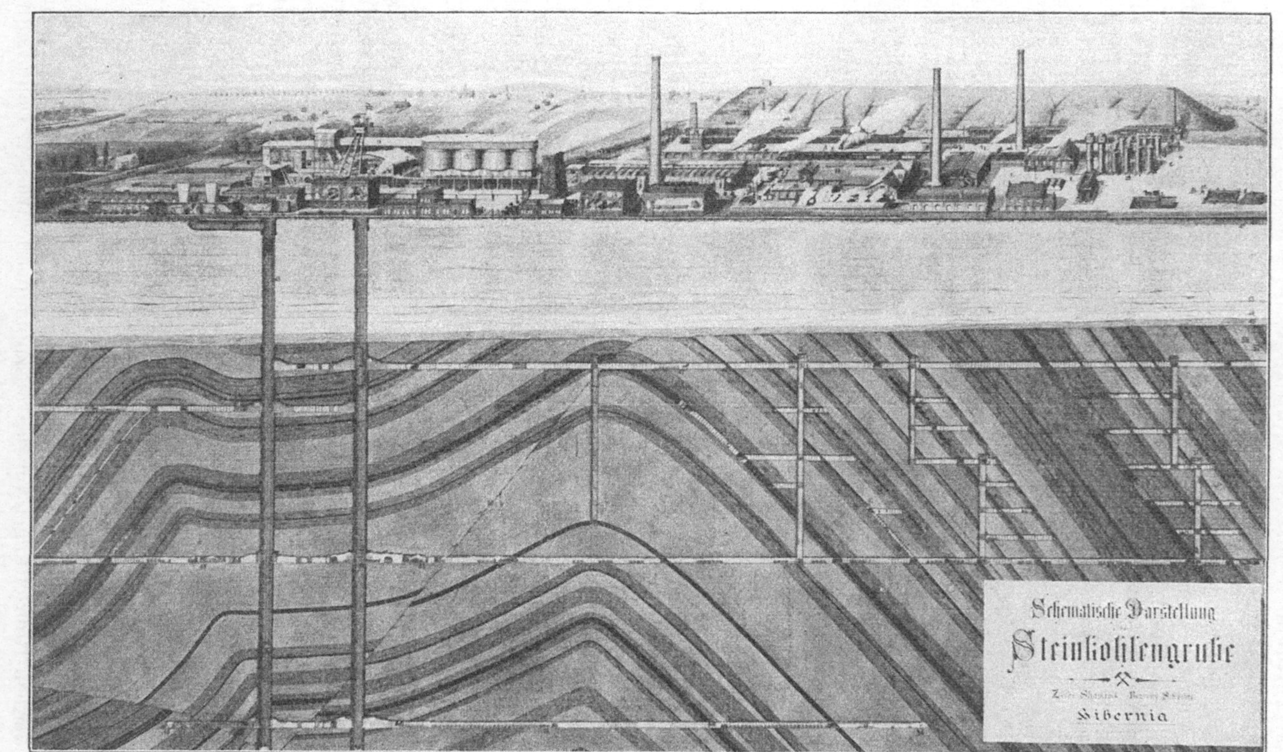

Abb. 75.

Schematische Darstellung der Steinkohlengrube Hibernia. Modell aus dem Deutschen Museum, München.

Stollen müssen den gewaltigen Gebirgsdruck aushalten, deshalb sind sie mit festen Balken ausgezimmert. Nach völligem Abbau einer Strecke wird sie mit dem bei der Gewinnung der Kohle aussortierten Gestein oder durch Einschlämmen von Sand zugefüllt („Bergversatz").

Die wichtigsten Steinkohlenlager Deutschlands befinden sich an der Ruhr (das rheinisch-westfälische Kohlenbecken, 2800 qkm), bei Saarbrücken (385 qkm), in Sachsen (Zwickau, 220 qkm) und Schlesien (3000 qkm). Wertvolle Teile des oberschlesischen Kohlengebietes und die Kohle aus dem Saar-Revier haben wir durch den Vertrag von Versailles verloren.

Braunkohle ist noch unreiner als die Steinkohle und enthält durchschnittlich 55—75 % Kohlenstoff. Sie ist schwarz bis hellbraun von Farbe und zeigt oft deutlich den Bau des Holzes. Die schwarze, fettglänzende wird auch als Pechkohle bezeichnet, die braune, matte als gemeine Braunkohle. Ist sie hellbraun und zeigt sie das Holzgefüge besonders gut, so nennt man sie Lignit. Die Braunkohle ist sehr verbreitet in Deutschland (Sachsen, Thüringen, Oberschlesien, Bayern), Böhmen usw., und zwar in jüngeren Ablagerungen als die Steinkohle. Sie kommt in flachen Mulden in einer Mächtigkeit von 30 bis 70 m vor. Häufig tritt sie in nahe der Oberfläche gelegenen Schichten auf und wird dann durch Tagebau gewonnen. In Bayern findet sie sich als Pechkohle bei Miesbach, Penzberg und Peißenberg (häufig wird diese Kohle ungenauerweise als Steinkohle bezeichnet).

Die oberpfälzische (Wackersdorfer) Braunkohle ist wegen ihres hohen Wasser- und Aschegehaltes minderwertig; sie wird nach teilweiser Entwässerung zu Briketts gepreßt, wobei die durch die Erhitzung infolge des Druckes flüssig werdenden bituminösen Bestandteile die Kohlebrocken zusammenkitten. Die Braunkohle hat heute nach dem Verlust eines erheblichen Teiles unserer Steinkohlen erhöhte Bedeutung erlangt. Die Hauptmenge wird am Gewinnungsorte zur Erzeugung elektrischer Energie verbraucht. So entstanden in den größeren Braunkohlengebieten Überlandzentralen, welche weite Bezirke mit elektrischem Strom versorgen.

Eine im sächsisch-thüringischen Becken vorkommende Abart der Braunkohle, die bitumenreiche Schwelkohle, liefert bei der Destillation petroleumähnliche Öle und Paraffin.

Die Förderung an fossilen Kohlen betrug im Jahre 1912: In Nordamerika 485, in England 265, in Deutschland 259, in Österreich-Ungarn 52, in Frankreich 41, in Rußland 29, in Belgien 23 Millionen Tonnen. Infolge des Krieges ist die deutsche Förderung sehr zurückgegangen; dazu kommt, daß wir Tag für Tag viele Tausende von Tonnen bester Kohle an die gegen uns verbündeten Mächte abgeben müssen.

Diese Kohlenarten sind durch einen Zersetzungsprozeß der Faser untergegangener Pflanzenteile entstanden. Die mit Wasser und Erdreich bedeckten Pflanzenteile unterlagen einer Fäulnis, wobei Wasserstoff und Sauerstoff sowie auch ein Teil des Kohlenstoffs in Form verschiedener Verbindungen, wie Wasser, Kohlendioxyd, Sumpfgas, entwichen. Einen ähnlichen Prozeß sehen wir noch heutzutage bei der Bildung des Torfes, des schwarzen Bodenschlamms stehender Gewässer, und bei der Entstehung des Humus im Walde vor sich gehen.

Der **Torf** entsteht in den Mooren auf nassem Boden durch das Absterben von Torfmoosen, Riedgräsern und anderen Sumpfpflanzen. In den oberen

Schichten zeigt er noch deutlich den Bau der Pflanzen, aus deren Gewirr er hervorging, während in den tieferen älteren Teilen die Zersetzung schon zu braunen bis schwarzen dichten Massen geführt hat. Reste vorgeschichtlicher Gegenstände und ausgestorbener Tiere (Riesenhirsch, Mammut, Auerochs) beweisen das Alter mancher Torflager.

Das Ausgangsmaterial der im Tertiär gebildeten Braunkohle waren hauptsächlich Nadelhölzer. Die viel älteren Steinkohlen entstanden aus Farnen. Schachtelhalmen und manche Arten aus Algen.

Abb. 76. Braunkohlengrube Elise II bei Leuna.
(Aus dem Werk „Die Badische Anilin- und Sodafabrik Ludwigshafen a. Rhein".)

§ 34. Kohlendioxyd.

Bildung. *Läßt man klares Kalkwasser in einem offenen Gefäß einige Zeit stehen, so überzieht es sich mit einer weißen Haut.*

Schneller trübt sich das Kalkwasser, wenn wir mit einer Glasröhre Atemluft einblasen.

Saugt man die Verbrennungsgase einer Kerze durch Kalkwasser, so wird dieses alsbald getrübt.

Kohlendioxyd entsteht bei der Atmung und der Verbrennung von kohlenstoffhaltigen Brenn- und Leuchtstoffen (Kerze, Holz, Steinkohlen, Petroleum, Weingeist, Leuchtgas). Der Mensch atmet in 24 Stunden gegen 1 kg Kohlendioxyd aus, und die Kruppwerke in Essen bereichern die Luft täglich mit mehr als 8 Millionen kg davon.

Kohlendioxyd bildet sich auch bei der Verwesung organischer Stoffe an der Luft und bei der Gärung. In großer Menge strömt es bisweilen aus Vulkankratern und Erdspalten, z. B. in der Hundsgrotte bei Neapel; im Brohltal in der Rheinprovinz liefert ein einziges Bohrloch jährlich $\frac{3}{4}$ Millionen cbm Kohlendioxyd, und sehr viel kommt mit den Sauerbrunnen aus der Tiefe.

Übergießt man Kalkstein (Marmor) mit Salzsäure, so entweicht unter lebhaftem Aufbrausen ein Gas, das Kalkwasser trübt.

‖ Durch die Einwirkung starker Säuren auf Kalkstein entsteht Kohlendioxyd.

Die Umsetzung von Marmor mit Salzsäure bietet eine bequeme Darstellungsweise von Kohlendioxyd im Laboratorium.

Eigenschaften. Kohlendioxyd ist etwa $1\frac{1}{2}$ mal schwerer als Luft. 1 Liter Kohlendioxyd wiegt bei 0^0 und 760 mm 1,97 g. Daraus berechnet sich das Mol 44 g, dem die Formel CO_2 entspricht.

Wegen seiner Schwere sammelt sich das Gas in Gärkellern, Schächten und Bergwerken, wenn es in größerer Menge auftritt, am Boden an. Zu seiner Erkennung dient das Verlöschen einer brennenden Kerze und besonders seine Eigenschaft, Kalkwasser zu trüben.

Der Kohlensäuredruck des Blutes beträgt $\frac{1}{20}$ Atmosphäre. Ist der Außendruck der Kohlensäure ebensogroß, was bei 5 % Kohlendioxyd in der Luft der Fall ist, dann kann sich das Blut seiner Kohlensäure nicht mehr entledigen. Es tritt Atemnot und Bewußtlosigkeit, schließlich der Tod ein. Deshalb muß in bewohnten Räumen für dauernde Erneuerung der Luft gesorgt werden. Diese erfolgt dann von selbst, wenn das Mauerwerk aus porösen, trockenen Steinen besteht.

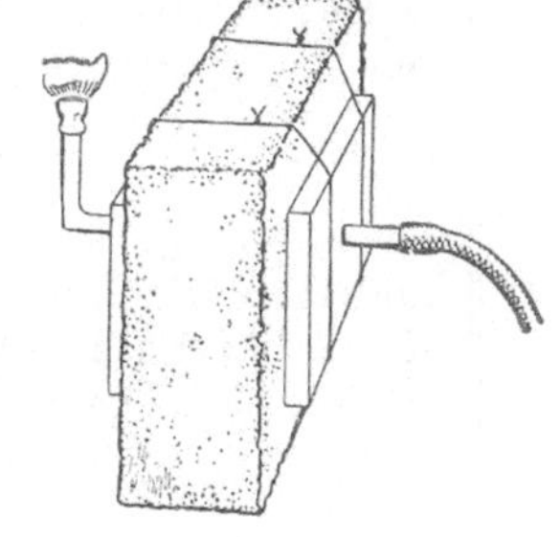

Abb. 77.

Drückt man an beide Seiten eines trockenen Ziegelsteines flache Blechdeckel fest an (Abb. 77), lackiert die überstehenden Ränder des Steines und leitet dann durch eine Bohrung in den einen Blechdeckel Leuchtgas, so entströmt dieses aus einer Öffnung des gegenüberliegenden Blechdeckels und kann entzündet werden.

Unglasierte Ziegel- und Sandsteine sind im trockenen Zustande stark luftdurchlässig. Nasse oder aus nichtporösem Material hergestellte Wände verhindern den Luftwechsel. Räume, die einer größeren Zahl von Menschen zum Aufenthalt dienen, bedürfen besonderer Ventilationseinrichtungen. Neben den Fenstern dienen hierzu Luftkanäle in den Mauern, welche die erwärmte Luft der Zimmer in den Schornstein leiten. In chemischen Arbeitsstätten werden zur Beförderung der Lüftung in den Abzugskanälen Lockflammen angezündet, welche die abziehende schlechte Luft erwärmen.

Durch starken Druck wird Kohlendioxyd schon bei gewöhnlicher Temperatur zu einer farblosen Flüssigkeit verdichtet. So kommt es in Stahlflaschen in den Handel.

Öffnet man den Hahn einer solchen Flasche, die eine derartige Lage hat, daß flüssiges Kohlendioxyd aus der Hahnöffnung ausströmt, so verdampft ein Teil der Flüssigkeit, was eine so große Abkühlung bewirkt, daß der Rest in Form weißer Flocken fest wird. Um dieselben zu sammeln, läßt man das flüssige Kohlendioxyd in einen Tuchbeutel von grobem Stoff strömen. Derselbe füllt sich dann mit schneeartigem Kohlendioxyd.

In Berührung mit festem Kohlendioxyd erstarrt Quecksilber. Man kann festes Kohlendioxyd ohne Gefahr auf die Hand legen, da es von einer Hülle von gasformigem Kohlendioxyd umgeben ist; drückt man jedoch die feste Masse zwischen den Fingern, so daß die Haut damit in unmittelbare Berührung kommt, so entstehen schmerzhafte Brandwunden.

Kohlendioxyd wird von Wasser verschluckt und zwar löst 1 l Wasser bei gewöhnlicher Temperatur 1 l des Gases auf, bei einem Druck von 2, 3 oder n Atmosphären ebenfalls 1 l, aber die 2-. 3- bzw. $n$fache Gewichtsmenge.

Wasser, welches unter höherem Druck mit Kohlendioxyd gesättigt ist, verliert bei Verminderung des Druckes einen Teil des Gases in Form kleiner Bläschen, wodurch das Schäumen bedingt wird. Natürliches Wasser, das unter größerem Druck mit Kohlendioxyd gesättigt ist, ist das Selterswasser. Auch künstlich wird solches Wasser hergestellt. Bier, Champagner enthalten gleichfalls größere Mengen von Kohlendioxyd aufgelöst.

Anwendung. Verdichtetes Kohlendioxyd wird in großer Menge zur Bereitung kohlensäurehaltiger Getränke verbraucht. Außerdem dient es zum Frischhalten des Bieres in den Bierdruckapparaten, zur Kälteerzeugung und als Feuerlöschmittel. Erkläre die Verwendbarkeit des Gases zu diesen verschiedenen Zwecken!

§ 35. Kohlensäure und Karbonate.

Die wässerige Lösung des Kohlendioxyds hat einen säuerlichen Geschmack und färbt Lackmus weinrot; sie verhält sich wie eine schwache Säure. Die Kohlensäure (H_2CO_3) ist nur in wässeriger Lösung bekannt; beim Erwärmen zerfällt sie. Doch gibt sie beständige Salze; diese heißen Karbonate.

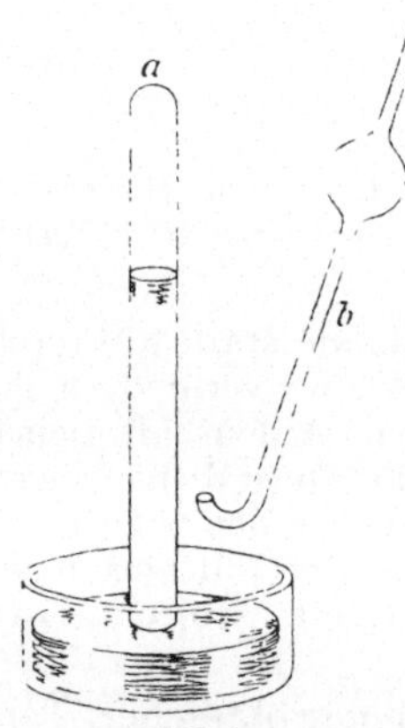

Wird in das Rohr a (Abb. 78), das mit Kohlendioxyd gefüllt und mit Quecksilber abgesperrt ist, mittels des Kugelrohres b etwas Natronlauge gebracht, so verschwindet das Gas und das Quecksilber steigt in die Höhe. Bringt man hierauf etwas Salzsäure hinein, so wird das Kohlendioxyd wieder frei.

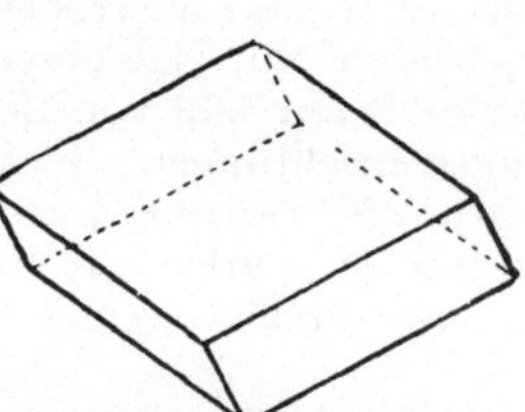

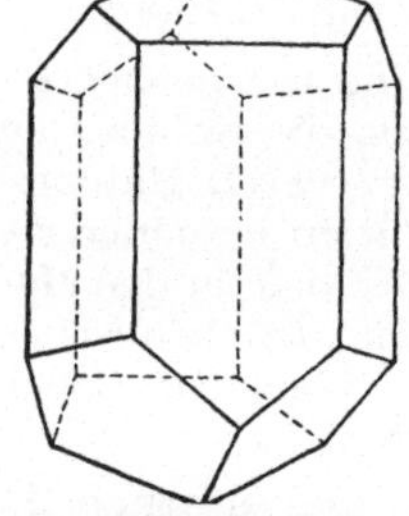

Abb. 78.
Absorption von Kohlendioxyd durch Lauge.

Abb. 79.
Kalkspat-Rhomboeder.

Abb. 80.
Kalkspat, Prisma
+ Rhomboeder.

Karbonate entstehen, wenn Kohlendioxyd mit Basen zusammenkommt; daher wird es von Kalkwasser sowie von Natronlauge gebunden. In Berührung mit anderen Säuren entwickeln alle Karbonate CO_2 und verwandeln sich in die Salze der einwirkenden Säure.

Das wichtigste Salz der Kohlensäure ist das **Calciumkarbonat** $CaCO_3$. Dieses ist in mehreren Arten bekannt.

Der beim Einleiten von Kohlendioxyd in Kalkwasser entstehende Niederschlag setzt sich allmählich in weißen Flocken ab. Trennt man ihn von der Flüssigkeit und übergießt ihn mit Salzsäure, so entwickelt sich Kohlendioxyd. Bringt man etwas von der salzsauren Lösung mit dem Platindraht in die Flamme, so wird diese leuchtend rotgelb gefärbt.

Amorphes Calciumkarbonat entsteht als Niederschlag beim Einleiten von CO_2 in Kalkwasser. Es geht allmählich, besonders beim Erwärmen, in kristallisiertes Karbonat über.

Kristallisiertes Calciumkarbonat bildet das Mineral **Calcit**.

Calcit tritt als Kalkspat häufig in rhomboedrischen Formen auf. ist vollkommen nach Rhomboedern spaltbar. Durchsichtige Stücke zeigen die auffallende Erscheinung der Doppelbrechung des Lichtes (Doppelspat).

Körnig kristallinisch bildet er den weißen Marmor, der in der Bildhauerei und zur Wandverkleidung benützt wird. Kristallinischer Calcit sind auch Kalktuff, Tropfstein und Kalksinter, die sich durch Absatz von Calciumkarbonat aus Wasser bilden. Dichter

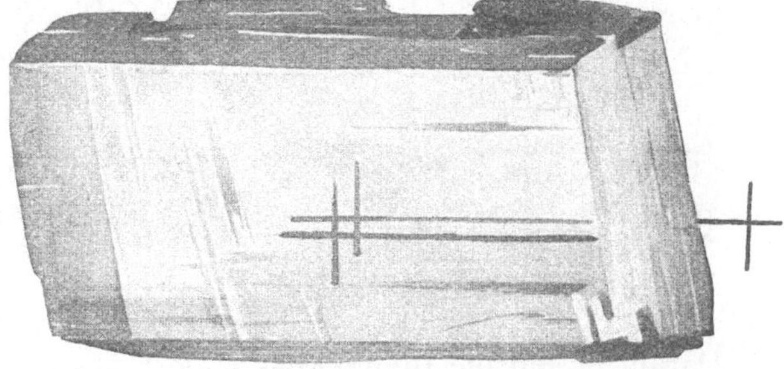

Abb. 81. Doppelbrechung des Lichtes durch Kalkspat.

Calcit ist der gewöhnliche Kalkstein, der große Lager und ausgedehnte Gebirgsstöcke bildet. Oft ist er durchmengt mit anderen Stoffen, wodurch er verschiedene Färbungen erhält. Dichter Calcit mit schöner Färbung und Politurfähigkeit wird als bunter Marmor bezeichnet. Der lithographische Stein von Solnhofen ist dichter Calcit, der sich durch große Gleichmäßigkeit in seiner Masse auszeichnet.

Calciumkarbonat tritt uns als wichtiges Baumaterial im Tierreich entgegen. Aus diesem Stoff bestehen im wesentlichen die Eierschalen, die Gehäuse von Schnecken und Muscheln, die Bauten der Korallen und die winzigen Panzer der mikroskopischen Urtiere des Meeres. Gewaltige Ablagerungen solcher Gehäuse (Foraminiferenschalen) bilden die zerreibliche Kreide.

Fügt man zu Kalkwasser überschüssiges Selterswasser, so geht der zuerst entstehende Niederschlag wieder in Lösung.

Wird die Lösung erhitzt, so trübt sie sich wieder.

Ein poliertes Marmorplättchen wird durch Selterswasser in wenigen Tagen deutlich angegriffen.

Calciumkarbonat löst sich in kohlensäurehaltigem Wasser; dabei bildet sich Calciumhydrokarbonat:

$$CaCO_3 + H_2CO_3 \rightarrow Ca(HCO_3)_2.$$

Die lösende Kraft des kohlensäurehaltigen Wassers ist von großer geologischer Bedeutung. Durch sie werden vor allem die Kalkgebirge zernagt; das gelöste Material wird vom Wasser fortgeführt und den großen Sammelbecken zugeleitet. Fast jedes Quellwasser enthält Calciumhydrokarbonat. Mit dem Gips bedingt der gelöste kohlensaure Kalk die Härte des Wassers.

Der Gehalt des Wassers an gelösten Calciumverbindungen macht sich beim Waschen mit Seife bemerkbar; es treten weiße Flocken von unlöslicher Kalkseife auf. Seifenlösung dient deshalb zum Nachweis der Härte des Wassers. In Regenwasser löst sich Seife ohne Flockenbildung.

In der Hitze zerfällt das Hydrokarbonat nach der Gleichung:

$$Ca(HCO_3)_2 \rightarrow CaCO_3 + H_2O + CO_2.$$

5*

Abb. 82. Tropfsteingebilde.

Darauf beruht die Bildung des Kesselsteins. Auch in der Natur kommt es zur Ausscheidung des kohlensauren Kalkes, z. B. wenn das Wasser in Tropfen am Gestein hängt oder durch die Lebenstätigkeit der Pflanzen, wodurch das Wasser Kohlensäure verliert; so entstehen Tropfstein, Kalksinter und Kalktuff.

Werden kleine Körnchen reinen Marmors in einem tarierten Platintiegel genau abgewogen und dann auf dem Gebläse heftig geglüht, so läßt sich nach dem Erkalten eine Gewichtsabnahme feststellen. Diese beträgt bei hinreichend langem Glühen 44 %.

Der Glührückstand nimmt beim Befeuchten Wasser auf und färbt dann rotes Lackmuspapier blau.

❘❘ Beim Glühen zerfällt Calciumkarbonat in Calciumoxyd und Kohlendioxyd:

$$CaCO_3 \rightarrow CaO + CO_2.$$

Calciumoxyd ist der „gebrannte" Kalk.

Das „Brennen" des Kalksteins geschieht im großen in Schachtöfen, in denen der von oben hineingeschichtete Kalkstein durch hindurchziehende Feuergase geglüht wird. Aus einer unteren seitlichen Öffnung wird der gebrannte Kalk herausgezogen.

❘❘ Beim „Löschen" des gebrannten Kalkes entsteht unter Wärmeentwicklung und Volumvergrößerung Calciumhydroxyd.

Der gelöschte Kalk wird mit Sand zur Mörtelbereitung verwendet. Das Calciumhydroxyd nimmt langsam aus der Luft Kohlensäure auf und verwandelt sich allmählich in Calciumkarbonat (Erhärten des Mörtels).

Soda. *Bringt man ein Körnchen Soda in die nichtleuchtende Flamme, so wird diese stark gelb gefärbt.*

Übergießt man Soda im Reagenzglas mit Salzsäure, so entweicht unter lebhaftem Aufbrausen ein Gas, welches einen brennenden Span auslöscht und Kalkwasser trübt.

❘❘ Soda ist das Natriumsalz der Kohlensäure: Na_2CO_3. Sie kommt in farblosen Kristallen und als weißes Pulver in den Handel. An der Luft verwittern die Kristalle unter Gewichtsverlust.

Erwärmt man etwas Kristallsoda im waagrecht gehaltenen trockenen R., so schmilzt die Soda zuerst. Wasser wird frei; schließlich bleibt ein trockener, weißer Rückstand. Wird dieser nach dem Erkalten wieder mit Wasser befeuchtet, so nimmt er dieses unter schwacher Erwärmung auf und wird wieder kristallinisch.

Beim Erhitzen verliert Kristallsoda 63% Wasser, das darin chemisch gebunden war = Kristallwasser.

Soda ist ein wichtiger Rohstoff der chemischen Industrie. Sie wird in großer Menge in der Glasfabrikation, Seifensiederei und Färberei verbraucht. Im Haushalt wird sie wegen ihrer fettlösenden Wirkung als Waschmittel verwendet. Früher wurde sie aus der Asche von Meerespflanzen gewonnen; heute stellt man sie fabrikmäßig aus Steinsalz her.

Ein zweites Karbonat des Natriums ist das **Natriumhydrokarbonat** oder **doppeltkohlensaure Natrium**, $NaHCO_3$; es kommt als weißes Pulver in den Handel. Beim Erhitzen gibt es Kohlendioxyd ab, und der Rückstand entwickelt mit Salzsäure nochmal Kohlendioxyd. Unter dem Namen „Natron" wird es als mildes Neutralisationsmittel bei Übersäuerung des Magens und zur Herstellung von Brausepulver (Gemische von „Natron" mit Weinsäure und Zucker) verwendet.

Pottasche. *Bringt man Holz- oder Zigarrenasche an einem mit Salzsäure befeuchteten Platindraht in die farblose Flamme, so wird diese violett gefärbt. Die gleiche Wirkung ruft reine Pottasche hervor.*

Beim Übergießen mit Salzsäure entwickeln Holzasche und Pottasche Kohlendioxyd.

Pottasche ist Kaliumkarbonat: K_2CO_3.

Sie wurde ehemals durch Auslaugen von Holzasche gewonnen. Heute stellt man sie aus dem Chlorkalium der Staßfurter Kalisalze dar. Sie wird ähnlich wie Soda, aber in kleinerer Menge benützt.

Aufgaben: 1. Wie viele Liter CO_2, unter normalen Bedingungen gemessen, entstehen beim Verbrennen von 1 kg Koks, welcher 91% Kohlenstoff enthält? Wie viele Liter Luft, gleichfalls bei normalen Bedingungen, sind dazu nötig? — 2. CuO, PbO werden durch Kohle in der Glühhitze reduziert, wobei Kohlendioxyd entsteht. Wie lauten die Gleichungen? — 3. $2NaOH + CO_2 \rightarrow ?$; $Ca(OH)_2 + CO_2 \rightarrow ?$ — 4. Durch Umsetzung von Kalkwasser mit Soda entsteht Natriumhydroxyd. Gleichung? — 5. $CaCO_3 + 2HCl \rightarrow CO_2 + ?$ — 6. Was entsteht bei der Umsetzung von Soda mit Salzsäure? Gleichung! — 7. Warum entsteht beim Lösen von Soda in Brunnenwasser eine Trübung? — 8. Was bedeutet die Gleichung: $CaCO_3 + H_2CO_3 \rightleftharpoons Ca(HCO_3)_2$?

Geschichtliches. In seinem Buch über die Baukunst erwähnt der unter Augustus berühmte römische Baumeister Vitruv den auffallenden Gewichtsverlust, welchen der Kalkstein beim Glühen erleidet. Er erklärte die Erscheinung irrtümlich durch das Entweichen von Feuchtigkeit. Den wahren Sachverhalt deckte erst 1750 der Schotte Black auf bei seinen Untersuchungen über den Bitterspat, das ist natürliches Magnesiumkarbonat. Der Bitterspat ist dem Kalkspat sehr ähnlich und wird beim Erhitzen genau wie dieser, aber viel leichter zersetzt. Black nannte das entweichende Gas „fixe Luft", da er maßlos erstaunte, daß in einem Gestein Luft fixiert sei.

§ 36. Das Kohlenmonoxyd.

Leitet man Kohlendioxyd langsam durch eine längere Schicht glühender Kohle, so verwandelt es sich in ein brennbares Gas: Kohlenoxyd (Abb. 83).

Abb. 83.

In dem Eisenrohr *A* wird Holzkohle zum Glühen erhitzt, *B* enthält Lauge zur Wegnahme von Kohlendioxydresten. — In *C* befindet sich Eisenoxyd.

Kohlendioxyd wird durch glühende Kohle reduziert. Aus 1 l Kohlendioxyd werden hierbei 2 l Kohlenmonoxyd.

Aus dem Litergewicht des Kohlenoxyds 1,26 g folgt das Mol 28; dem entspricht die Formel CO; danach wird es wissenschaftlich Kohlenmonoxyd benannt zum Unterschied von Kohlendioxyd.

Seine Entstehung aus letzterem erläutert die Gleichung:

$$CO_2 + C \rightarrow 2\,CO.$$

Kohlenmonoxyd ist ein farbloses und nahezu völlig geruchloses Gas. Es brennt mit blauer Flamme, wobei Kohlendioxyd entsteht.

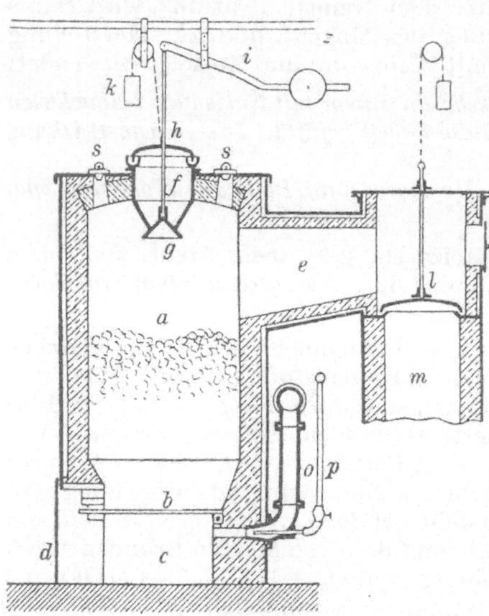

Abb. 84. Generator,
bei *o* wird Luft, bei *p* Dampf eingeblasen.

Besonders wichtig ist seine große Giftigkeit. Es verbindet sich mit dem Hämoglobin der Blutkörperchen, wodurch diese unfähig werden, Sauerstoff aufzunehmen. Schon in geringerer Menge der Luft beigemengt und eingeatmet, verursacht es Kopfschmerzen, in größeren Mengen Schwindel, Bewußtlosigkeit und schließlich den Tod.

Da es entsteht, wenn kohlenstoffhaltige Brennstoffe bei nicht genügendem Luftzutritt verbrannt werden, so bildet es sich immer beim langsamen Verbrennen in höherer Schicht lagernder glühender Kohlen (Koks) und im Kohlenbügeleisen oder wenn der Zug zum Schornstein abgesperrt wird, solange noch glühendes Brennmaterial sich im Ofen befindet. Im gewöhnlichen Leben wird das Kohlenoxyd auch als „Kohlendunst" bezeichnet und ist oft Veranlassung zu Unglücksfällen. Es bildet auch einen wesentlichen Bestandteil des Leuchtgases und bedingt dessen Giftigkeit.

Bei höherer Temperatur verbindet sich Kohlenoxyd mit Sauerstoff. Diesen entreißt es sogar manchen Metalloxyden.

Erhitztes Eisenoxyd (Versuch Abb. 83) wird durch Kohlenoxyd zu Eisen reduziert.

Diese reduzierende Kraft wird bei der Gewinnung der betreffenden Metalle aus ihren Oxyden ausgenützt.

Auch als Heiz- und Kraftgas hat Kohlenoxyd für die Industrie große Bedeutung, insofern es Hauptbestandteil des Generator- und Wassergases ist.

Das Generatorgas wird durch Verbrennen von Koks, Stein- und Braunkohle unter beschränktem Luftzutritt gewonnen. Es ist im wesentlichen ein Gemenge von Kohlenoxyd und Stickstoff. Am Verbrauchsort wird es mit vorgewärmter Luft verbrannt.

Das Wassergas wird erhalten, wenn man Wasserdampf über glühende Kohlen leitet: es findet folgender Prozeß statt:

$$C + H_2O \rightarrow CO + H_2.$$

Es besteht daher vorzugsweise aus Kohlenoxyd und Wasserstoff. Man verfährt so, daß man in einem geeigneten Ofen Koks oder Anthrazit durch einen Luftstrom zur Weißglut anbläst, wobei man Generatorgas erhält, und dann Wasserdampf hindurch leitet.

Aufgaben: 1. In welchem Gewichtsverhältnis stehen Kohlenstoff und Sauerstoff im Kohlenmonoxyd und im Kohlendioxyd? Gesetz? — 2. Wieviel g Kohlenstoff enthalten 22,4 l Kohlendioxyd und wieviel 22,4 l Kohlenmonoxyd? — 3. Wie ist die Bildung von CO beim Erhitzen eines Gemenges von Kreidepulver und Zinkstaub zu erklären? — Gleichung! — 4. Was besagen die Gleichungen:

$$\left.\begin{array}{l} C + O \rightarrow CO + 29 \text{ Kal.} \\ CO + O \rightarrow CO_2 + 68 \quad \text{,,} \end{array}\right\} = 97 \text{ Kal.}$$

$$C + O_2 \rightarrow CO_2 + 97 \text{ Kal.}$$

§ 37. Karbide.

Während Kupferoxyd und Bleioxyd schon bei schwacher Glut durch Kohle reduziert werden, gelingt die Reduktion von Zinkoxyd und Eisenoxyd durch Kohle erst bei viel höherer Temperatur. Dabei bildet sich nicht Kohlendioxyd, sondern Kohlenmonoxyd.

Viele Metalloxyde, z. B. Aluminiumoxyd, Calciumoxyd, Magnesiumoxyd werden von Kohle erst bei ihrer Schmelztemperatur, über 2500°, reduziert. Zur Erzeugung solch hoher Temperaturen benützt man elektrische Öfen.

Das Gemisch Oxyd und Kohle wird in Kästen mit feuerfesten Wandungen (Abb. 85) eingetragen und durch den Flammenbogen eines zwischen der Kohlenelektrode A und der Bodenklappe B übergehenden Wechselstromes von hoher Stärke zusammengeschmolzen. Ist Kohle im Überschuß vorhanden, so verbindet sich das entstehende Metall damit zu einem **Karbid**.

Wichtige Karbide sind z. B. Calciumkarbid, CaC_2, und Aluminiumkarbid, Al_4C_3.

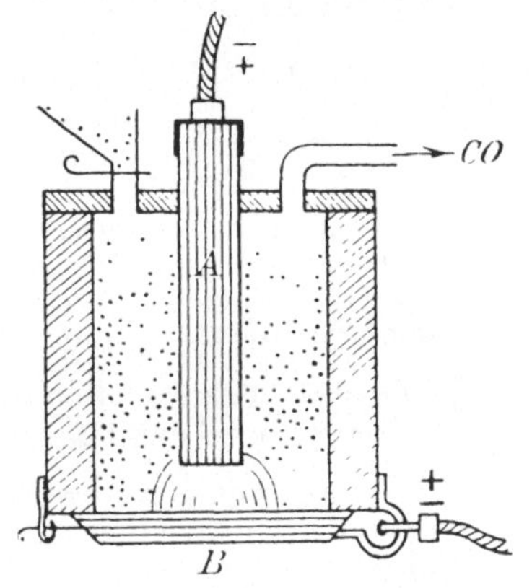

Abb. 85. Elektrischer Ofen zur Gewinnung von Karbid.

Die Karbide reagieren mit Säuren, teilweise auch mit Wasser, wobei Salze der betreffenden Säuren bzw. Metallhydroxyde und Kohlenwasserstoffe entstehen.

§ 38. Das Methan.

Bei Einwirkung von Salzsäure auf Aluminiumkarbid entwickelt sich ein farbloses Gas, welches, angezündet, mit schwach leuchtender Flamme brennt: Es ist Methan.

Methan ist als Erdgas schon seit dem Altertum bekannt. Es strömt an manchen Orten aus dem Boden, z. B. bei Baku in der Nähe der Petroleumquellen.

Auch in Deutschland tritt Erdgas stellenweise in solchen Mengen auf, daß es zur Beleuchtung und zum Betrieb von Motoren verwendet werden kann (im Tal der Rott in Niederbayern).

Es tritt als **Grubengas** beim Abbau der Steinkohlenflöze aus Hohlräumen aus und verursacht die gefährlichen „schlagenden Wetter". Als **Sumpfgas** entweicht es aus dem Bodenschlamm der Sümpfe. Es bildet sich bei der Fäulnis der Pflanzen. Auch bei der Zersetzungsdestillation von Holz und Steinkohlen entsteht reichlich Methan.

Es ist viel leichter als Luft. 1 l wiegt (normal) 0,714 g. Daraus berechnet sich das Molekulargewicht 16, welchem die **Formel** CH_4 entspricht. Aus der Verbrennungsgleichung $CH_4 + 2O_2 \rightarrow CO_2 + 2H_2O$ ergibt sich, daß 1 Vol. Methan zur vollständigen Verbrennung 2 Vol. Sauerstoff (= 10 Vol. Luft) nötig hat.

Mit dem zehnfachen Volumen Luft gemischt, bildet es das explosive Gasgemisch, welches so häufig die Ursache schwerer Unglücksfälle im Kohlenbergbau ist. Um der verheerenden Wirkung der schlagenden Wetter vorzubeugen, ist in den Kohlengruben die von **Davy** angegebene **Sicherheitslampe** eingeführt. Diese gründet sich auf folgende Beobachtung:

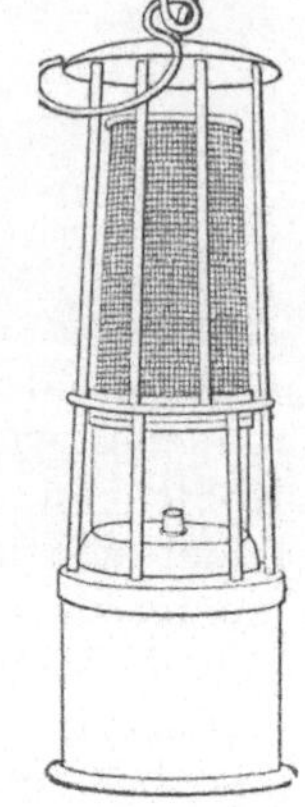

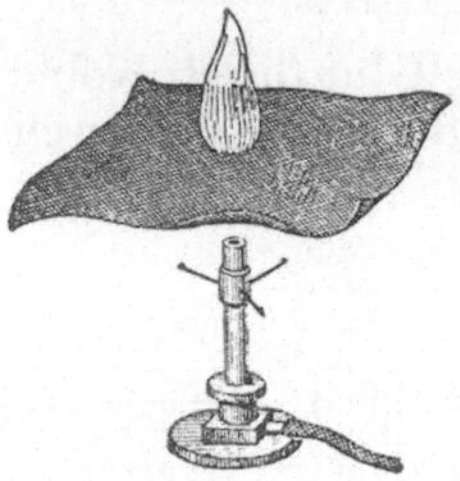

Hält man über die Mündung eines Gasbrenners ein Stück feinmaschiges Drahtnetz und entzündet das darüber ausströmende Gas, so kann man das Netz mehrere Zentimeter über die Brenneröffnung entfernen, ohne daß die Flamme zurückschlägt und das unter dem Netze befindliche Gasgemisch sich entzündet (Abb. 86).

Abb. 86.
Ein Drahtnetz verhindert die Entzündung des Gases.

Abb. 87.
Davys Sicherheitslampe.

Die Metalldrähte leiten die Wärme so schnell ab, daß die Temperatur auf der unteren Seite nicht auf den Entzündungspunkt des Gases steigen kann.

Die Davysche Sicherheitslampe ist eine Öllampe, deren Flamme von einem Drahtnetzzylinder eingeschlossen ist (Abb. 87). Kommt der Bergmann mit derselben in schlagendes Wetter, so wird das durch das Drahtnetz eindringende Gasgemisch unter kleinen Explosionen verbrennen, die sich aber nicht nach außen fortpflanzen, wenigstens solange nicht das Drahtnetz zu heiß wird. Das Zucken der Flamme ist dem Bergmann ein dringendes Warnungszeichen!

Die Betriebskontrolle in Steinkohlenzechen hat ergeben, daß die Ventilatoren mit dem „Grubenwetter" solche Mengen Methan entfernen, daß dessen Heizwert den der geförderten Kohle übertrifft.

§ 39. Das Azetylen.

Azetylen entsteht durch Einwirkung von Wasser auf Calciumkarbid.

Wirft man in den mit Wasser gefüllten Kolben (Abb. 88) Calciumkarbid, so entwickelt sich stürmisch unter Erwärmung Azetylen. Entzündet man das Gas nach dem Aufsetzen des Stopfens, so erhält man eine helle, aber stark rußende Flamme. Wenn die Flamme (gegen das Ende der Entwicklung) kleiner wird, rußt sie nicht mehr und sendet nun fast weißes Licht aus. Die Flüssigkeit reagiert nach dem Vorgang stark basisch und wird (nach dem Filtrieren) von Kohlensäure getrübt; sie enthält also Calciumhydroxyd.

Reines Azetylen bildet ein farbloses Gas von eigentümlichem, nicht unangeneh-
mem Geruch. Das technische Azetylen riecht aber, namentlich infolge eines Gehaltes
an Phosphorwasserstoff, sehr widerlich. Sein Litergewicht ist 1,17 g;
seine Formel ist C_2H_2. Wegen seines hohen Kohlenstoffgehaltes braucht
es zur vollständigen Verbrennung sehr viel Luft. Deshalb erfordert es
besondere Brenner, aus denen das Gas durch sehr feine Öffnungen ausströmt und durch besondere Zuglöcher mit der richtigen Menge Luft
gespeist wird. Die überraschend hohe Leuchtkraft ist durch die hohe
Flammentemperatur und den Zerfall des Gases in Kohlenstoff und Wasserstoff bedingt. Es bildet mit Luft Gemenge, die beim Entzünden sehr
heftig explodieren.

Azetylen wird zur Beleuchtung, ähnlich wie Wasserstoff zur Erzeugung hoher Temperaturen und zur Gewin-
nung von Ruß benützt.

Im kleinen wird das Gas zumeist durch Auf-
tropfen von Wasser auf Karbid entwickelt; zur
Darstellung im großen dienen Vorrichtungen, in
welchen das Karbid in Wasser geworfen wird
(Abb. 89).

Aufgaben: 1. Ergänze: $Al_4C_3 + xHCl \rightarrow 3CH_4$
$+ \cdots!$ — 2. $CaC_2 + xH_2O \rightarrow Ca(OH)_2 + ?$ —
3. Wieviel Prozente Kohlenstoff sind in Methan
und wieviel in Azetylen gebunden? — 4. Formuliere die Verbrennung von Azetylen zu Kohlendioxyd und Wasser! — 5. Wieviel l (normal)
Azetylen können 100 g reines Calciumkarbid
liefern?

Abb. 88.
Entwick-
lung von
Azetylen.

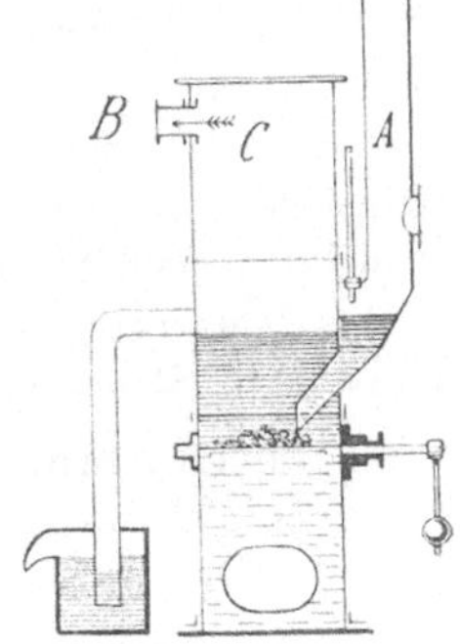
Abb. 89.
Azetylenentwickler.

§ 40. Petroleum.

Im Methan und Azetylen lernten wir zwei Verbindungen des Kohlenstoffs
mit Wasserstoff kennen. Solche Verbindungen gibt es noch sehr viele. Die
Kohlenstoffatome haben nämlich die eigentümliche Neigung, sich miteinander
zu Ketten von verschiedener Länge zu vereinigen, an die sich wieder Atome
anderer Elemente anlagern können. Wenn im Methan an Stelle eines Wasser-
stoffatoms ein Kohlenstoffatom tritt, so kann dieses seinerseits wieder 3 Wasserstoffatome binden; so entsteht die Verbindung C_2H_6. Von ihr leitet sich in
gleicher Weise die Verbindung C_3H_8 ab usw.

$$
\begin{array}{ccc}
H & H\ H & H\ H\ H \\
| & |\ \ | & |\ \ |\ \ | \\
H-C-H, & H-C-C-H, & H-C-C-C-H. \\
| & |\ \ | & |\ \ |\ \ | \\
H & H\ H & H\ H\ H
\end{array}
$$

Man kennt Kohlenwasserstoffe mit 1—60 Kohlenstoffatomen. Die
C-ärmeren, bis C_4H_{10}, sind bei gewöhnlicher Temperatur Gase, die C-reicheren

Flüssigkeiten mit steigendem Siedepunkte, mit $C_{16}H_{34}$ beginnen die festen Kohlenwasserstoffe.

Gemenge solcher Kohlenwasserstoffe sind das Petroleum und das Paraffin.

Das Petroleum (= Steinöl) oder Erdöl ist dem Grubengas nahe verwandt. Wie dieses entstand es durch langsame Zersetzung organischer Stoffe unter dem Druck überlagernder Erdschichten. Es strömt an manchen Orten aus Bohrlöchern gleichzeitig mit Salzwasser aus; bisweilen schießt es in mächtigen Springbrunnen in die Höhe, ein Beweis, daß es manchmal in Hohlräumen unter erheblichem Gasdruck eingeschlossen ist. Wichtige Petroleumfundstätten befinden sich in Nordamerika (Virginien, Pennsylvanien, Ohio, Kanada), in Galizien, Rumänien, im Kaukasus bei Baku. Die deutschen Vorkommen, z. B. bei Hannover, liefern nur geringe Erträge. Kleine Mengen treten fast in allen Ländern zutage.

Obwohl das Erdöl mancherorts (z. B. in Baku) schon seit dem Altertum bekannt ist, bildet es doch erst seit etwa 65 Jahren einen sehr begehrten Gegenstand des Welthandels.

Das Rohpetroleum wird durch stufenweise Destillation aus großen eisernen Kesseln in Stoffe von verschiedenem Siedepunkt zerlegt:

a) Die Benzine vom Siedepunkt $40-150^0$; sie dienen als Lösungsmittel für Fette, Harze, Kautschuk und als Brennstoff für Motore.

b) Das Leuchtöl vom Siedepunkt $150-300^0$, das unter 35^0 keine entzündbaren Dämpfe abgeben darf.

c) Die Schmieröle, die oberhalb 300^0 sieden; sie dienen zum Schmieren von Maschinen und zum Betrieb von Dieselmotoren.

d) Aus den Rückständen wird das halbfeste Vaselin (für Salben) und das feste Paraffin (zur Kerzenherstellung) gewonnen.

Deutschlands Erdöllager in der Provinz Hannover liefern nur etwa 80 000 t; das ist sehr wenig im Verhältnis zu dem jährlichen Verbrauch von 1,3 Mill. t an Erdölerzeugnissen; deshalb sind die vielversprechenden neueren Versuche, petroleumartige Stoffe aus Steinkohlen zu gewinnen, für unsere Volkswirtschaft sehr wichtig.

§ 41. Flamme, Beleuchtung.

Flammenbildung. Wie die Erfahrung lehrt, beobachtet man bei einer Verbrennung nur dann eine Flamme, wenn der brennende Stoff an und für sich gasförmig ist oder in der Hitze brennbare Gase entwickelt.

Jede Flamme stellt einen verbrennenden Gasstrom dar. Verbrennt ein fester Körper, ohne daß dabei brennbare Gase oder Dämpfe auftreten, so bildet sich keine Flamme, der Körper wird nur im Glühen erhalten.

Koks verbrennt ohne Flamme; Holz, Steinkohlen, Fette verbrennen mit Flamme, weil diese Stoffe bei ihrer Verbrennungstemperatur brennbare Gase und Dämpfe bilden.

An jeder Kerzenflamme können wir drei Teile unterscheiden (Abb. 90). Der innere dunkle Kegel besteht aus unverbranntem Gas, das durch Vergasung des vom Dochte aufgesaugten geschmolzenen Brennmaterials (Stearin, Talg, Paraffin, Wachs) entstanden ist. Dieser dunkle Kegel ist von einem leuchtenden Mantel umgeben, darauf folgt eine äußere bläuliche Hülle, in welcher die Verbrennung eine vollständige ist, da der Sauerstoff von allen Seiten zutreten kann. Hält man eine kurze, an beiden Enden offene Glasröhre in die dunkle Zone, so steigt das unverbrannte Gas darin auf und läßt sich am anderen Ende anzünden.

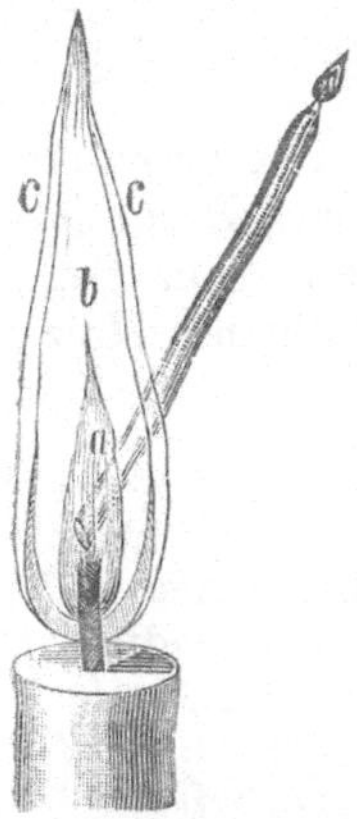

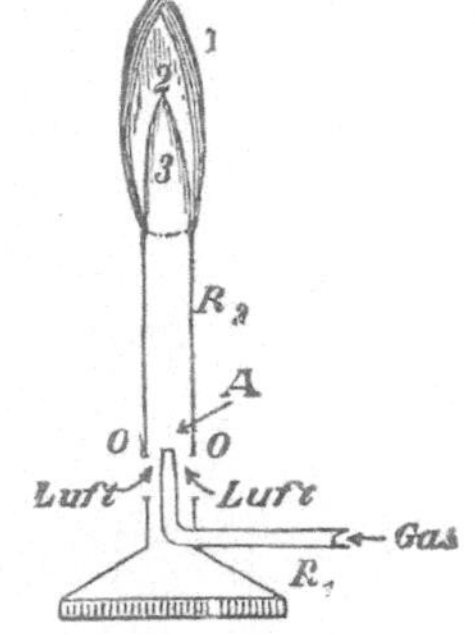

Das **Leuchten** einer Flamme wird hauptsächlich dadurch bedingt, daß darin feste Stoffe zum Glühen erhitzt werden. Bei den gewöhnlichen Flammen ist es fein verteilter, durch die hohe Temperatur aus seinen Verbindungen ausgeschiedener Kohlenstoff, der zum Glühen erhitzt wird.

Wird in eine Kerzenflamme ein kalter Gegenstand, etwa ein Glasstab, gehalten, so wird der glühende Kohlenstoff unter die Entzündungstemperatur abgekühlt; er kann infolgedessen nicht mehr verbrennen und schlägt sich als Ruß nieder.

Abb. 90.
Zonen einer
Kerzenflamme.

Abb. 91.
Schema des
Bunsenbrenners.

Wird dem verbrennenden Körper so viel Luft oder Sauerstoff zugeführt, daß sich kein Kohlenstoff ausscheiden kann, weil sofort Verbrennung desselben stattfindet, so wird kein Leuchten eintreten. Darauf beruht der von Bunsen i. J. 1850 erfundene Gasbrenner (Abb. 91).

Durch das Rohr R_1 und die Düse A gelangt das Gas in den Kamin R_2. In diesem mischt es sich mit der Luft, die durch die seitlichen Zuglöcher O angesaugt wird. Diese Öffnungen können durch eine drehbare Hülse beliebig geschlossen werden. Ist die Hülse so gestellt, daß ihre Ausschnitte mit den Öffnungen O zusammenfallen, so kann die Luft einströmen, sich mit dem Gas mischen, und die Flamme brennt dann bläulich ohne zu leuchten; sind dagegen die Zuglöcher verdeckt, so wird in der Flamme aus dem stark erhitzten Gas Kohlenstoff abgeschieden, der zum Glühen gelangt und die Flamme leuchtend macht.

An der leuchtenden Bunsenflamme können wir in ähnlicher Weise wie an einer Kerzenflamme drei Teile unterscheiden, an der nichtleuchtenden dagegen nur zwei. Im innersten Teil der Flamme ist die Temperatur niedrig. Halten wir ein Messingdrahtnetz waagrecht in den unteren Teil einer blauen Bunsenflamme, so sehen wir im Innern eine nichtglühende Scheibe, welche von einem glühenden Ring umgeben ist. Nicht einmal das Köpfchen eines schwedischen Zündhölzchens kommt in diesem Raum zur Entzündung, wohl aber der weiter außen liegende Holzteil. In der nicht leuchtenden Flamme ist die höchste Temperatur über der Spitze des inneren hellblauen Kegels.

Bei den bisher beschriebenen leuchtenden Flammen wird der feste Körper, nämlich fein verteilter Kohlenstoff, von der Flamme selbst geliefert. Außerdem werden aber zur Beleuchtung auch Flammen angewendet, bei welchen man den lichtspendenden festen Körper eigens in dieselbe bringt. Hier ist das Drummondsche Kalklicht nochmals zu erwähnen. Dann gehört hierher das durch Auer von Welsbach erfundene Gasglühlicht:

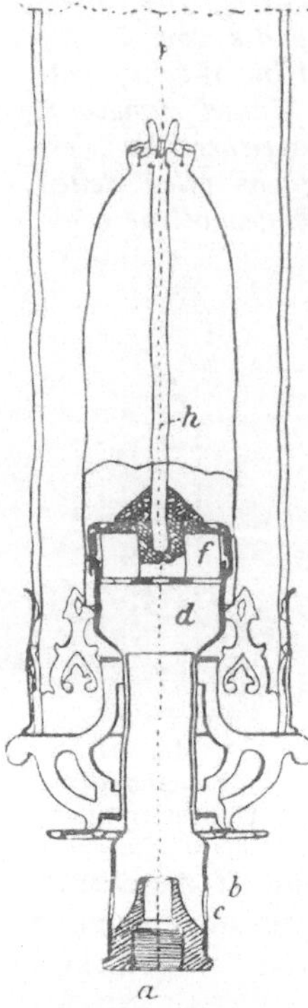

Abb. 92.
Gasglühlicht.
Der in der Brennerkrone f steckende Kaolinstift h trägt in seiner Gabel den Glühstrumpf. Seine ganze Oberfläche wird durch die Flamme des Brenners bd zum Glühen gebracht. Bei a tritt das Gas ein, bei c die Luft.

Durch eine Bunsenflamme werden feste Stoffe (Oxyde der seltenen Metalle Thor und Cer), die den sog. Strumpf bilden, zum Weißglühen erhitzt (Abb. 92).

§ 42. Leuchtgasfabrikation.

Gasgemische zur Beleuchtung werden durch Zersetzungsdestillation verschiedener Substanzen erhalten. Besonders benützt man Steinkohlen, Holz, verschiedene Öle, Fette und Harze. Man spricht daher von Steinkohlen-, Holz-, Öl-, Fettgas.

Das wichtigste ist das **Steinkohlengas.**

Das Rohgas enthält Bestandteile, welche die Leuchtkraft beeinträchtigen oder zur Verbrennung in Wohnräumen nicht geeignet sind; als solche kommen besonders Kohlendioxyd, Ammoniak und Schwefelwasserstoff, ferner teerige Dämpfe in Betracht. Von diesen und einigen nicht aufgezählten Stoffen wird das Gas durch eine Reihe von Vorrichtungen befreit.

Die Steinkohlen werden in feuerfesten tönernen Zylindern (Retorten) oder in Kammern, die in größerer Zahl in einem Ofen eingebaut sind, mittels Generatorgas stark erhitzt. Die entstehenden Gase und Dämpfe gelangen in ein weites, horizontales Rohr, die Vorlage. Diese ist teilweise mit Teer gefüllt. Ein großer Teil der Dämpfe verdichtet sich darin als Teer. Die Mündung eines jeden Rohres taucht in den Teer der Vorlage ein, damit das Gas nicht zurückströmen kann. Von hier aus strömt das Gas durch vertikale eiserne Zylinder, in welchen es (durch Luft und Wasser) gekühlt wird. Teer und Teerwasser, die sich in den Kühlern abscheiden, fließen nach der Teergrube. Durch eine Flügelsaugpumpe (Gassauger) wird das Gas angesaugt und weiter befördert, damit in den Retorten keine Stauung eintritt. Von den letzten Teerresten wird das Gas im Teerscheider befreit; dort muß es sich durch feine Sieblöcher hindurchzwängen. Hierauf gelangt das Gas in den Wascher, das ist z. B. ein mit durchlöcherten Querböden und Koksstückchen gefüllter Turm, in welchen oben Wasser durch eine Brause eingespritzt wird, während das Gas von unten entgegenströmt, daher in sehr großer Oberfläche mit dem Wasser in Berührung kommt. Dadurch wird das Ammoniak, der größte Teil des Kohlendioxyds und auch ein Teil des Schwefelwasserstoffs hinweggenommen, indem sich die betreffenden Ammonverbindungen bilden, die sich im Wasser auflösen. Vom Wascher aus gelangt das Gas in die Trockenreiniger, luftdicht verschließbare Kästen mit übereinanderliegenden Hürden, die aus gitterförmig nebeneinanderliegenden Holzstäbchen bestehen. Auf den Hürden befindet sich eine Schicht von gepulvertem Eisenhydroxyd, das zur Auflockerung noch mit Sägespänen gemischt ist. Streicht das Gas durch diese Mischung, so bindet das Eisenhydroxyd den Schwefelwasserstoff. Es entsteht Schwefeleisen und Schwefel. Läßt man die unwirksam gewordene Reinigungsmasse an der Luft liegen, so bildet sich aus dem Schwefeleisen unter Abscheidung von Schwefel wieder Eisenhydroxyd, man kann sie daher regenerieren und 10—20 mal benutzen. Schließlich enthält die Masse bis zu 40 % freien Schwefel.

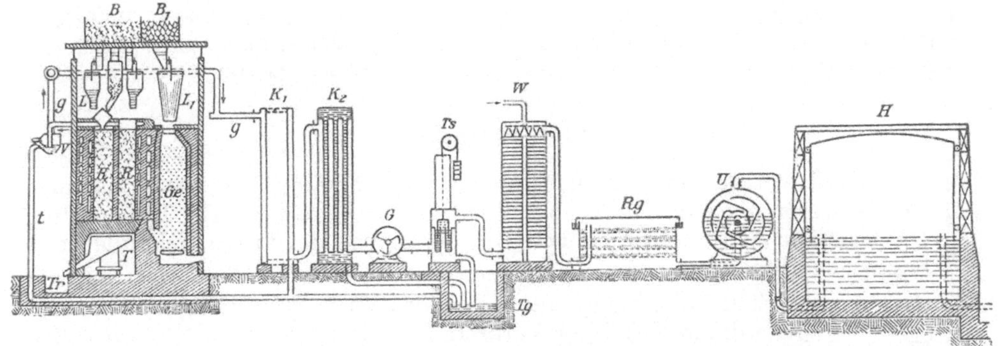

Abb. 93. Vereinfachter Plan eines Gaswerkes im Schnitt. *B* Vorratsbehälter für Steinkohle, B_1 desgl. für Koks, *L* Ladewagen für die Retorten, L_1 desgl. für die Generatoren, *R* Retorten (Kammern), *Ge* Generator, *V* Teervorlage (Querschnitt), *t* Rohr zur Teergrube, *g* Gasrohr, *T* Trichterwagen und *Tr* Transportrinne für die entgaste Kohle, K_1 Luftkühler, K_2 Wasserkühler, *G* Gassauger, *Ts* Teerscheider, *Tg* Teergrube, *W* Ammoniakwascher, *Rg* Trockenreiniger, *U* Gasmesser (Uhr), *H* Gasbehälter (verkleinert, durch die Röhre links strömt das Gas in den Behälter, durch die Röhre rechts wird es an die Verbrauchsstellen geleitet).

Von den Reinigern aus strömt das Gas durch den Gasmesser, an welchem durch ein Zählwerk die hindurchgegangene Gasmenge in cbm angegeben wird, und dann in die Gasbehälter. Ein solcher besteht aus dem Kessel, in dem sich als Sperrflüssigkeit Wasser befindet, und der Trommel oder Glocke aus Eisenblech, die sich im Kessel auf und ab bewegen kann.

Das gereinigte Leuchtgas aus Steinkohlen besteht vorzugsweise aus: **Methan, Wasserstoff, Kohlenoxyd, Äthylen** (C_2H_4), aus den Dämpfen von kohlenstoffreichen Verbindungen, wie **Benzol,** ferner aus geringen Mengen von Stickstoff aus der Luft. Seine Leuchtkraft wird besonders bedingt durch das Äthylen und andere kohlenstoffreiche Verbindungen. Wichtige Nebenprodukte der Steinkohlenleuchtgasfabrikation sind: **Koks, Retortenkohle,** das **Gaswasser,** welches auf Ammoniak und seine Verbindungen verarbeitet wird, der **Teer** und die **Gasreinigungsmasse,** aus welcher Schwefel und Cyanverbindungen gewonnen werden.

100 kg gute Gaskohlen geben etwa:

    16—19 kg Gas = 30—35 cbm,
    65—68 ,, Koks (wird z. T. zum Erhitzen der Retorten verwendet),
      5 ,, Teer,
      8 ,, Gaswasser.

Geschichtliches. Bis ins 18. Jahrhundert hinein war noch der Kienspan in Gebrauch. Daneben benützte man schon im Altertum Öllampen und Kerzen mit Docht aus Binsenmark. Erst im 15. Jahrhundert kamen Talg- und Wachskerzen mit Wolldocht zur allgemeinen Verwendung. 1765 wurde der Glaszylinder, 1786 der Baumwolldocht erfunden. Die erste Anregung zur Steinkohlenvergasung gab die Eisenerzeugung Ende des 18. Jahrhunderts. Als die Hochöfen immer größer wurden, suchte man die bis dahin verwendete Holzkohle durch Steinkohle zu ersetzen. Da diese aber im Ofen zusammenbackte und infolge ihres Schwefelgehaltes brüchiges Eisen lieferte, war sie nicht ohne weiteres tauglich. Man lernte durch starkes Erhitzen bei Luftabschluß die Steinkohle in den für den Hochofenbetrieb geeigneten Koks zu verwandeln. Nebenbei gewann man Teer und Pech; das gleichzeitig entstehende Gas begann man erst am Anfang des 19. Jahrhunderts zu verwerten. Als erste Stadt erhielt London 1813 seine Gasbeleuchtung. 1815 folgte Paris, 1826 Berlin. Während anfänglich das Gas Nebenprodukt der Kokereien war, stellen heute viele Hunderte von Gaswerken Gas für Leucht-, Heiz- und Kraftzwecke als Haupterzeugnis her.

§ 43. Heizung.

Die durch Verbrennung erzeugte Temperatur hängt vor allem von der Art des verbrennenden Stoffes ab, ferner von der Menge und der Temperatur der zugeführten Luft und endlich von der Menge des in der Sekunde verbrennenden Stoffes.

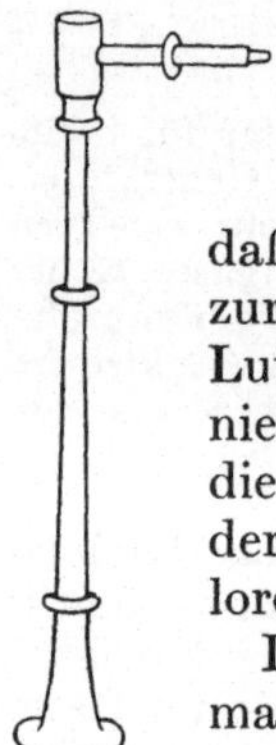

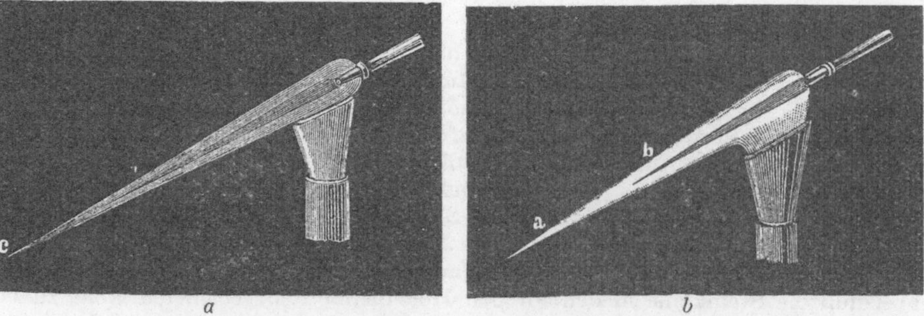

Sehr hohe Temperaturen liefern Wasserstoff, Magnesium und Aluminium bei ihrer Verbrennung. Beim Verbrennen von Koks werden höhere Temperaturen erzeugt, als wenn Holz verbrennt. Zur Erzielung hoher Temperaturen ist von besonderer Bedeutung, daß die Brennmaterialien möglichst trocken sind, weil das Wasser zur Erhitzung und Verdampfung viel Wärme verbraucht. Ist die Luftzufuhr zu gering oder zu groß, so ist die Temperatur eine niedrigere als bei richtiger Luftzufuhr. Im ersteren Falle wird die Verbrennung keine vollkommene sein, im letzteren Falle muß der Luftüberschuß mit erwärmt werden, weshalb Wärme verloren geht.

Die Temperatur bei einer Verbrennung wird ferner erhöht, wenn man vorgewärmte Luft anwendet. Es findet dann die Verbrennung lebhafter statt.

Abb. 94.
Lötrohr.

Um im gewöhnlichen Leben die Temperatur durch lebhaftere Verbrennung zu erhöhen, wendet man Gebläse an. Der Chemiker benützt für gleiche Zwecke zu Versuchen im kleinen das Lötrohr (Abb. 94).

Bläst man mit dem Lötrohr in eine Kerzen- oder leuchtende Bunsenflamme, so erhält man eine Stichflamme, die je nach Menge der eingeblasenen Luft und Stellung der Lötrohrspitze oxydierend oder reduzierend sein kann. Hält man die Lötrohrspitze außerhalb der Flamme und bläst mäßig, so daß die Flamme einen leuchtenden Kegel enthält, so wird sie namentlich in diesem letzteren reduzierend sein, dagegen oxydierend, wenn die Lötrohrspitze in die Flamme gehalten und kräftig geblasen wird, so daß die Lötrohrflamme keinen leuchtenden Teil mehr enthält.

Bei einer gewöhnlichen Feuerungsanlage liegt das Brennmaterial auf dem Rost, der aus eisernen Stäben mit bestimmtem Abstand voneinander besteht. Die Luft

Abb. 95. Lötrohrstichflamme, *a* oxydierend, *b* reduzierend.

tritt von unten durch die Schlitze zu dem Brennmaterial. Der Rost muß ganz mit Brennmaterial bedeckt sein, wenn man nicht durch großen Überschuß an unverbrauchter Luft bedeutende Wärmeverluste erleiden will. Die Flamme und die Verbrennungsgase geben dann einen Teil ihrer Wärme an den zu erhitzenden Körper ab. Die Gase entweichen aber mit noch ziemlich hoher Temperatur aus dem Heizraum in den Schornstein. Um die Wärme, welche in den abziehenden Verbrennungsgasen enthalten ist, nicht verlorengehen zu lassen, kann in verschiedener Weise verfahren werden. Es können z. B. die abziehenden Gase zum Abdampfen von Flüssigkeiten, zum Vorwärmen von Wasser benutzt werden. Von besonderer Bedeutung ist aber ihre Benützung zum Vorwärmen der Verbrennungsluft: Man leitet z. B. die Abgase in gemauerte Kammern, die mit feuerfesten Steinen gitterförmig ausgestellt sind. Dabei geben sie ihre Wärme an die Steine ab, erhitzen sie auf höhere Temperatur. Nach einiger Zeit leitet man dann die Gase durch eine zweite solche Kammer, während man durch die heiße erste die Verbrennungsluft in umgekehrter Richtung zum Verbrennungsraum leitet. Die Luft wird dabei auf höhere Temperatur erhitzt, indem sie die Wärme der Steine aufnimmt, die Steine werden sich abkühlen. Ist das geschehen, so muß die Luft durch die zweite Kammer, das Abgas dagegen durch die erste Kammer strömen.

Während die Temperatur, die bei der Verbrennung einer bestimmten Menge eines Stoffes entsteht, sehr verschieden sein kann, ist die absolute Wärmemenge, welche dabei auftritt, immer dieselbe.

Man nennt die von 1 kg eines Stoffes bei seiner Verbrennung gelieferte Wärmemenge seine Verbrennungswärme; sie wird in großen Kalorien ausgedrückt (Kal.); bei Gasen bestimmt man die von 1 cbm gelieferte Wärmemenge.

Verbrennungswärme der wichtigsten Heizstoffe:

	pro kg	pro cbm
Reiner amorpher Kohlenstoff zu CO_2 verbrannt	8 140 Kal.	
„ „ „ „ CO „	2 440 „	
Koks zu CO_2 verbrannt	7000—7 500 „	
Steinkohlen (Anthrazit)	6000—8 000 „	
Braunkohlen	3500—5 580 „	
Torf (trocken)	2500—4 000 „	
Holz (lufttrocken)	2400—3 000 „	
Wasserstoff zu Wasserdampf	28 800 „	2 600 Kal.
Methan zu CO_2 und Wasserdampf	11 900 „	9 500 „
Azetylen zu CO_2 „ „	12 200 „	12 900 „
Leuchtgas zu CO_2 und „ . . im Mittel 9 500	„	5 000 „
Generatorgas . . . . „ „	760 „	945 „
Kohlenoxyd	3 000 „	2 440 „

Wirtschaftliches. Die Kohle, die wir dem dunklen Schoß der Erde entnehmen, ist im Verein mit dem Eisen die Grundlage unserer Kultur. Sie erwärmt und beleuchtet unsere Wohnungen; ihre Energie setzt unsere Dampfmaschinen, Lokomotiven und Schiffe in Bewegung; sie ermöglicht die Abscheidung der Metalle aus deren Erzen. Der Verbrauch von Kohle pro Kopf der Bevölkerung gilt als Maß für die Höhe der Industrie eines Landes: Er betrug 1912 in den Vereinigten Staaten 4,89 t, in England 3,92 t, in Deutschland 3,56 t, in Frankreich 1,50 t, in Italien 0,29 t, in Rußland 0,17 t.

Der ungeheure Verbrauch legt die Frage nahe, wie lange die Kohlenvorräte der Erde ausreichen. Die amerikanischen Lager sind zwar sehr ausgedehnt, aber nicht tief, und werden bald erschöpft sein; ihnen dürften die englischen folgen, während die deutschen, insbesondere die schlesischen, noch mehr als 1500 Jahre herhalten sollen. Leider haben wir durch den Vertrag von Versailles nahezu $\frac{1}{3}$ unseres früheren Kohlenreichtums verloren. Deshalb ist die sparsamste Ausnutzung der uns verbliebenen Brennstoffe geboten. Unablässig verbessert daher die Industrie die Wärmewirtschaft in ihren Betrieben. Dagegen wird in den meisten Haushaltungen kostbarer Brennstoff unverständigerweise vergeudet. Die 14 Millionen Haushaltungen Deutschlands verbrauchen 15 % des Gesamtkohlenverbrauches.

Durch die direkte Verheizung wird die Kohle sehr schlecht ausgenützt. Wirtschaftlich richtiger ist es, die Kohle zunächst der Zersetzungsdestillation zu unterwerfen, wobei durch die Gewinnung von Leuchtgas, Ammoniak, Teer und Koks der Wert der Kohle mehr als verdoppelt wird. Der im Kohlenherd für Kochzwecke notwendige Brennstoffaufwand beträgt mehr als doppelt so viel, als zur Herstellung des zum Kochen erforderlichen Leuchtgases nötig ist. Nur ein kleiner Bruchteil des Energieinhalts der Kohle wird bei ihrer unmittelbaren Verheizung im Küchenherd und Zimmerofen ausgenützt. Die allgemeine Verwendung von Leuchtgas und Koks an Stelle von Steinkohle zum Heizen würde uns vor dem Brennstoffverlust durch Ruß bewahren, der heute noch Hunderttausenden von Schornsteinen in dickem Qualm, die Luft verpestend, entsteigt. Im Ammoniak wird der Stickstoff der Kohle als wertvolles Düngemittel für unsere Felder zurückgehalten. Aus dem bei der Verkokung der Braunkohle erhaltenen Teer werden Paraffin, Asphalt und die Öle für den Betrieb von Dieselmotoren gewonnen. Der Steinkohlenteer ist einer der wichtigsten Rohstoffe; aus ihm gewinnt man Benzol, Phenol, Naphthalin, Anthrazen, das sind die Ausgangsstoffe für viele prächtige Farbstoffe, zahlreiche segenbringende Heilmittel, wichtige Sprengstoffe und andere wertvolle Verbindungen.

§ 44. Benzol, Naphthalin, Karbol.

Der Steinkohlenteer ist eine ölige, dicke, schwarze Flüssigkeit von eigentümlichem Geruch: Zur Gewinnung seiner wertvollen Bestandteile wird er in eisernen Kesseln destilliert. Die ersten Anteile des Destillates enthalten das schon bei 80° siedende **Benzol**, C_6H_6, eine farblose, teerähnlich riechende Flüssigkeit. Es brennt, angezündet, mit rußender Flamme. Benzol dient als Heizstoff zum Betrieb von Motoren und als Lösungsmittel für Fette und Harze, hauptsächlich aber zur Darstellung von Anilin. Eine größere Farbenfabrik verbraucht hierzu allein täglich 50 t Benzol.

Aus den mittleren Teilen scheidet sich **Naphthalin**, $C_{10}H_8$, ab. Es bildet farblose Kristallblättchen, verflüchtigt sich schon bei gewöhnlicher Temperatur und besitzt einen eigentümlichen Geruch. Es wird als Mottenpulver und zur Farbenfabrikation verwendet.

Neben Naphthalin gewinnt man aus dem mittleren Teerdestillat das **Phenol**, C_6H_5OH, einen kristallinischen Stoff, dessen wässerige Lösung unter dem Namen **Karbolsäure** zum Desinfizieren verwendet wird.

Desinfektion bezweckt die Vernichtung von Krankheitserregern. Wohnungen werden mit Wasserdampf, Formalindämpfen oder mit Schwefeldioxyd desinfiziert. Zur Desinfektion der Entleerungen von Typhus- und Cholerakranken verwendet man Chlorkalk. Wunden behandelt man mit stark verdünnten Lösungen von Sublimat, Karbol, Lysol. Die natürlichsten und besten Vorbeugungsmittel gegen die Wirkung ansteckender Krankheitskeime sind die Sonnenstrahlen, frische Luft und Sauberkeit.

§ 45. Stärke, Zucker, Zellstoff.

Die **Stärke** gehört zu den wichtigsten Erzeugnissen der Pflanze. Sie ist in den Zellen in Form mikroskopischer Körnchen abgelagert. Besonders stärkemehlreich sind die Samen der Getreidearten und Hülsenfrüchte, die Knollen der Kartoffel sowie Knollen und Wurzelstöcke vieler anderer Pflanzen. Unter dem Mikroskop erscheint die Stärke in ovalen oder rundlichen Körnchen. Ihre Form ist für jede Pflanzenart kennzeichnend.

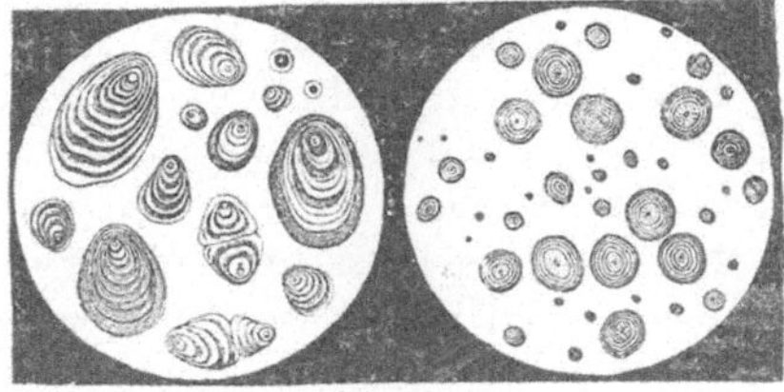

Abb. 96.
Kartoffel- und Weizenstärke (vergrößert).

Das Stärkemehl bildet ein weißes, amorphes Pulver, das in kaltem Wasser unlöslich ist. Mit Wasser auf 50—70° erhitzt, quillt jedes Korn stark an, und schließlich bildet sich eine schleimige Masse, der sogenannte Kleister. Jodlösung färbt das Stärkemehl wie den Stärkekleister tiefblau. Bei längerem Kochen mit verdünnten Säuren geht Stärke in Zucker über. Mit geschrotenem Malz auf 60—65° erwärmt, verwandelt sich die Stärke ebenfalls in Zucker.

Der Bestandteil des Malzes, welcher die Verzuckerung herbeiführt, ist ein eiweißähnlicher Stoff, der den Namen Diastase erhalten hat. Er bildet sich im Gerstenkorn bei Beginn der Keimung und hat die Aufgabe, die unlösliche Stärke in einen löslichen Stoff überzuführen, damit sie der Ernährung des Keimlings dienen kann. Man fand, daß die Diastase schon in kleiner Menge wirkt und keine nachweisbare Veränderung erleidet. Die Wirkung der Diastase bei der Umwandlung der Stärke ist demnach als Katalyse aufzufassen. Im Pflanzen- und Tierkörper wurden eine große Anzahl solcher katalytisch wirkender Stoffe aufgefunden. Sie werden mit dem gemeinsamen Namen „Enzyme" bezeichnet. Ihre Aufgabe besteht im allgemeinen darin, verwickelt zusammengesetzte organische Stoffe in einfachere zu spalten und löslich zu machen. Die Verzuckerung der Stärke erfolgt auch rasch unter der Einwirkung eines Enzyms des menschlichen Speichels, des Ptyalins, ferner unter dem Einfluß der Säure des Magensaftes.

Die Zusammensetzung der Stärke wird durch die Formel $(C_6H_{10}O_5)n$ ausgedrückt. Da es noch nicht gelungen ist, das Molekulargewicht der Stärke zu bestimmen, läßt sich die Größe des Faktors n nicht angegeben.

Die Pflanze erzeugt die Stärke zuerst in ihren grünen Teilen. Ihre Ausgangsstoffe sind das Kohlendioxyd der Luft und das durch die Wurzeln aufgenommene Wasser: den äußeren Anstoß zu dem geheimnisvollen Vorgang geben die Sonnenstrahlen.

Der Nachweis der Stärkebildung gelingt leicht, wenn man einige zarte Blätter (nachdem die betreffende Pflanze längere Zeit von der Sonne bestrahlt wurde) abschneidet, dann zur Aufschließung der Zellen mit Wasser kocht, hierauf durch heißen Alkohol vom Blattgrün befreit und schließlich in verdünnte Jodlösung legt; die alsbald eintretende Blaufärbung beweist die Anwesenheit von Stärke. Blätter einer 24 Stunden im Dunkeln gehaltenen Pflanze und Blatteile, die man durch Bedeckung, z. B. mit Stanniol, der Belichtung entzogen hat, enthalten keine Stärke.

Stellt man ein Gefäß mit untergetauchten Wasserpflanzen an die Sonne, so steigen von den Blättern alsbald Gasbläschen auf. Durch einen über die Pflanzen gestülpten Trichter, auf dessen Hals ein wassergefülltes, umgestürztes Reagenzglas gesteckt wird, kann

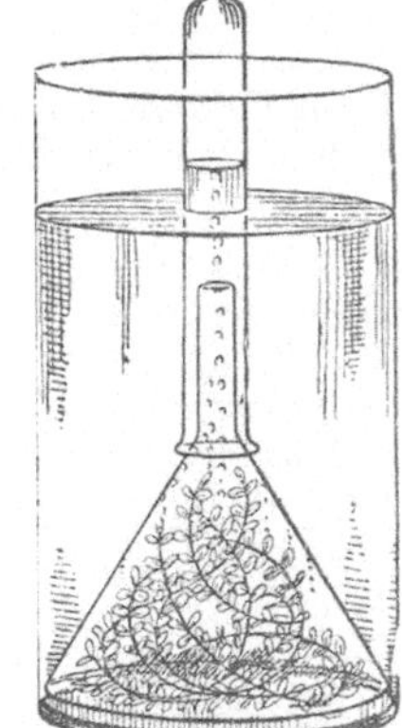

Abb. 97.
Sauerstoffausscheidung der Wasserpest.

man die entwickelten Gasbläschen auffangen. Ein glimmender Span entflammt in dem aufgesammelten Gas.

Während die Stärkesynthese stattfindet, scheidet die Pflanze Sauerstoff aus.

Die Aufnahme von Kohlendioxyd, seine Verarbeitung zu organischer Substanz und die damit verbundene Sauerstoffentwicklung heißt Assimilation. Als Ergebnis erscheint in den grünen Zellen Assimilationsstärke. Die Assimilation ist ein Reduktionsprozeß, bei welchem eine bedeutende Energiemenge gebunden wird; diese wird sowohl in der gebildeten Stärke als in dem entwickelten Sauerstoff aufgespeichert. Die Spenderin der Energie ist die Sonne.

Die Assimilationsstärke bleibt nicht an ihrem Entstehungsorte, sondern wird weitergeschafft. Zu diesem Zweck wird sie zuerst in Zucker verwandelt, der an die Verbrauchsstelle oder an eine Ablagerungsstelle wandert, wo er wieder in Stärke verwandelt wird: Reservestärke. Unter Mitwirkung von Mineralstoffen, die aus dem Boden oder Wasser aufgenommen werden, entstehen daraus Eiweißstoffe, Fette, Farbstoffe, Riechstoffe und Zellulose.

Stärke, Fette und Eiweißstoffe bilden die Nährstoffe für Menschen und Tiere. Auch das von uns verzehrte Fleisch wird von Pflanzenfressern aus den genannten Stoffen erzeugt. In letzter Linie werden daher unsere Nährstoffe durch die grünen Pflanzen aus unorganischen Stoffen aufgebaut. Beim Lebensprozeß der Menschen und Tiere werden die von den Pflanzen gelieferten organischen Stoffe abgebaut und gehen schließlich wieder in Kohlendioxyd und Wasser über.

Zucker. Süße Säfte finden sich in sehr vielen Pflanzen; man denke nur an den Nektar der Blüten und den Saft der süßen Früchte. Der bekannteste süße Stoff ist der **Rohr- oder Rübenzucker.**

Er wird aus dem Saft des Zuckerrohrs und der in Deutschland in großer Menge angebauten Zuckerrübe gewonnen.

Er kristallisiert in wasserklaren Prismen (Kandiszucker). Beim Erwärmen schmilzt er zu einer klebrigen Flüssigkeit, die beim raschen Abkühlen zu einer amorphen, durchscheinenden Masse erstarrt; bei stärkerem Erhitzen wird er unter Abgabe von Wasser völlig zersetzt, wobei eine poröse, glänzende, sehr reine Kohle zurückbleibt. In Wasser ist er sehr leicht löslich. Die Lösung besitzt einen rein süßen Geschmack und kann im konzentrierten Zustand beliebig lange aufbewahrt werden.

Konzentrierte Zuckerlösungen werden benützt, um Früchte vor dem Verderben zu schützen.

Zellstoff bildet die Wandungen der Pflanzenzellen. Fast reiner Zellstoff ist das Holundermark, die Leinen- und Baumwollfaser (Watte).

Zellstoff ist in allen gewöhnlichen Lösungsmitteln unlöslich. Beim Kochen mit verdünnter Schwefelsäure geht er allmählich in Traubenzucker über.

Läßt man ein Gemisch von 1 Teil hochkonzentrierter Salpetersäure und 2 Teilen konzentrierter Schwefelsäure auf Zellstoff einwirken, so verwandelt er sich schon in wenigen Minuten ohne auffallende äußerliche Veränderung in einen anderen Stoff, der nach dem Auswaschen und Trocknen bei Berührung mit einer Flamme blitzartig unter Bildung einer großen Gasmenge verbrennt: Schießbaumwolle.

Die Schießbaumwolle bildet die Grundlage des rauchlosen Schießpulvers und einiger moderner Sprengstoffe.

Riesig ist der Verbrauch von Zellstoff zur Papierbereitung. Der wichtigste Rohstoff hierfür ist Tannen- und Fichtenholz. Durch Kochen des zerkleinerten

Holzes mit Natronlauge oder einer Lösung von Calciumsulfit wird der die Zellwand verholzende Stoff gelöst und mehr oder weniger reiner Zellstoff gewonnen.

Die Bastfasern von Lein, Hanf, Jute und Brennessel und die Flughaare der Baumwollsamen werden zu Gespinsten und Geweben verarbeitet.

§ 46. Die Gärung.

Versetzen wir in dem Kolben A (Abb. 98) eine 10—15 %ige Traubenzucker-lösung mit Hefe, so beginnt bald eine Gasentwicklung, die ein Schäumen verursacht: es tritt Gärung ein.

Das in C nach dem Verdrängen der Luft aufgefangene Gas erweist sich durch die Prüfung mit Kalkwasser als Kohlendioxyd. Wird der Inhalt des Kolbens nach Beendigung der Gärung destilliert, so verdichten sich die zuerst übergehenden Dämpfe zu einer farblosen Flüssigkeit von süßlichem Geruch und brennendem Geschmack, die, angezündet, mit schwach leuchtender Flamme brennt.

Der Stoff, dem diese Eigenschaften zukommen, heißt **Alkohol (Spiritus** oder **Weingeist).**

Die alkoholische Gärung besteht in der Spaltung des Zuckers in Alkohol und Kohlendioxyd.

Die alkoholische Gärung beruht wie der Abbau der Stärke durch Diastase und Ptyalin ebenfalls auf der Wirkung eines Enzyms. Das gärungserregende Enzym wird von den Hefezellen erzeugt und heißt Zymase. Die Gewinnung alkoholischer Flüssigkeiten durch Gärung ist das Ziel verschiedener Gewerbe. Ihre Rohstoffe sind entweder zuckerhaltige Flüssigkeiten, z. B. Trauben-, Beeren- und andere süße Obstsäfte oder stärkemehlhaltige Sub-

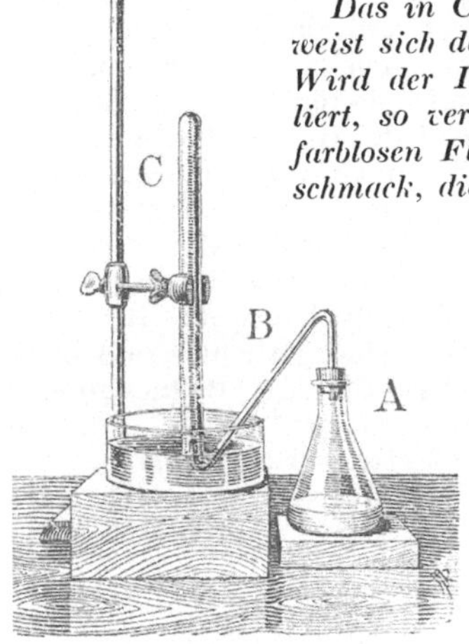

Abb. 98. Gärungsversuch.

stanzen, wie Kartoffeln, Getreidekörner und Reis. Während erstere ohne weiteres vergoren werden können, müssen letztere Stoffe zuerst mit Wasser und zerquetschtem Malz erwärmt werden, bis durch die Diastase eine hinreichende Verzuckerung der Stärke eingetreten ist (Maische).

Die alkoholischen Getränke unterscheidet man in: nur gegorene, z. B. Bier mit 2—5 %, Weine mit 5—12 % Alkohol und destillierte, das sind die Branntweine, mit 30—50 % Alkohol. Der Alkohol ist ein Nervengift; sein regelmäßiger Genuß schadet der Gesundheit, besonders bei unerwachsenen Personen. Die Herstellung alkoholischer Genußmittel bedeutet auch einen unermeßlichen Schaden für das Volkswohl, insofern wertvolle Nährstoffe, wie Zucker und Stärke, vergeudet werden. Man bedenke auch, daß die meisten Vergehen im Alkoholrausch begangen werden.

Essigsäure. Es ist eine bekannte Tatsache, daß Bier oder nicht zu alkoholreicher Wein beim Stehen an der Luft sauer werden. Dabei wird der Alkohol durch den Sauerstoff der Luft zu Essigsäure oxydiert. Hierzu ist aber die Mitwirkung der Essigbakterien erforderlich. Deren Keime (Sporen) gelangen aus der Luft in die weingeisthaltigen Flüssigkeiten, entwickeln sich darin unter günstigen Bedingungen und bewirken durch den Lebensprozeß die Oxydation des Alkohols (Essiggärung). Dazu müssen auch Nährstoffe, stickstoff- und phosphathaltige Verbindungen, vorhanden sein. Reiner verdünnter Weingeist wird an der Luft nicht sauer. Auf diesen Tatsachen beruht die Gewinnung des Essigs. Bier und Wein werden, mit Malzauszug (als Nährstoff für Essigpilze) vermischt, der Luft ausgesetzt.

Die reine Essigsäure wird aus dem Holzessig, welcher bei der Zersetzungs-destillation des Holzes entsteht, gewonnen. Sie ist eine farblose, stechend sauer riechende Flüssigkeit. Ihre Salze heißen Acetate (von aceticum = Essigsäure). Bekannte Acetate sind Kupferacetat (Grünspan), Bleiacetat, Aluminiumacetat (essigsaure Tonerde).

§ 47. Die Fette.

Fette treffen wir, wenn auch in recht schwankender Menge, in allen lebenden Organismen an. Die Pflanzen lagern Fett besonders in Samen ab, wo es dem Keimling zur Nahrung dient, „ehe er das Licht der Sonne erblickt". Tiere speichern bei günstigen Ernährungsverhältnissen in ihrem Körper Fett auf, das in Hungerzeiten, z. B. im Winterschlaf, während großer im Fortpflanzungstrieb unternommener Wanderungen (Hering, Lachs) oder in der Puppenruhe (Insektenlarven) verbraucht wird. Unsere wichtigsten Fettlieferanten sind Rinder (Talg, Butter, Knochenfett), Schafe, Schweine, Gänse, Fische (Tran), Früchte und Samen von Mohn, Sonnenblumen, Buchen, Lein, Raps, Ölbaum (Olivenöl), Baumwolle, Palmen, Erdnuß u. a.

Die meisten tierischen Fette sind bei gewöhnlicher Temperatur fest, die pflanzlichen dagegen flüssig (Öle). Sie sind alle in Wasser unlöslich und schwimmen darauf. Leicht gelöst werden die Fette von Benzin, Äther, Schwefelkohlenstoff. Beim Erhitzen bis zum Sieden werden sie zersetzt. Reine Fette sind geruchlos und beim Aufbewahren haltbar; gewöhnlich sind sie aber mit stickstoffhaltigen Beimengungen vermischt und erleiden dann durch die Tätigkeit von Bakterien eine Spaltung in Glyzerin und z. T. übelriechende Fettsäuren: Die Fette werden ranzig.

Mit starken Laugen setzen sich die Fette in der Kochhitze um, wobei Glyzerin und fettsaure Salze der betreffenden Basen entstehen. Die fettsauren Salze von Natrium und Kalium sind unsere Seifen.

Infolge ihres hohen Gehaltes an Kohlenstoff und Wasserstoff entwickeln die Fette bei ihrer Oxydation bedeutende Wärmemengen; darin liegt ihr großer Wert als Nahrungsmittel. Im Winter haben wir daher ein lebhafteres Verlangen nach Fett als im Sommer. Die Technik verwendet die Fette zur Bereitung von Seifen, Kerzen, Glyzerin und als Schmiermittel.

Das Glyzerin wird durch konzentrierte Salpetersäure in den wirksamen Sprengstoff Nitroglyzerin verwandelt, das mit Kieselgur gemengt Dynamit ergibt.

§ 48. Eiweißstoffe.

Als Eiweißstoffe bezeichnet man verwickelt zusammengesetzte Verbindungen von Kohlenstoff, Wasserstoff, Sauerstoff, Stickstoff, Schwefel (und Phosphor), welche die Hauptbestandteile der lebenden pflanzlichen und tierischen Zellen bilden. Sie sind außerordentlich zahlreich und mannigfaltig. Außer dem Inhalt des Vogeleies gehören zu den Eiweißstoffen das Kasein der Milch, das Fibrin des Blutes, der Stoff der Muskelfaser; auch die Haut, Haare, alle Horngebilde, Sehnen und Knorpeln bestehen aus Eiweißstoffen. Sie sind für die Ernährung unentbehrlich und können auch nicht durch noch so große Mengen von Kohlehydraten (Stärke, Zucker, Zellstoff) und Fetten ersetzt werden.

Wir decken unseren Eiweißbedarf mit Mehl, Hülsenfrüchten, Eiern, Milch, Käse, Fleisch und Fischen.

Die Milch der Kühe enthält etwa 89,4 % Wasser, 4,6 % Milchzucker, 3,7 % Fett, 3,5 % Eiweißstoffe (Kasein und Albumin) und 0,7 % Salze. Sie enthält sämtliche zum Aufbau des tierischen Körpers nötigen Stoffe. Beim Sauerwerden scheidet sich das Kasein ab, die Milch „gerinnt".

Das trockene **Fleisch** besteht fast nur aus Eiweißstoffen. Frisches Fleisch enthält neben 17—21 % Eiweiß, 70—75 % Wasser, 1 % Salze, 1—3 % Fette und fast keine unverdaulichen Bestandteile; daher wird es vom Organismus nahezu restlos ausgenützt. In kaltem Wasser quillt das Fleisch unter Wasseraufnahme. Bei gelindem Erwärmen gehen die löslichen Bestandteile des Fleisches in das Wasser über. Bringt man das Fleisch aber sofort in siedendes Wasser, so gerinnt an der Oberfläche das Eiweiß und verhindert das Austreten der löslichen Stoffe. Aus dem gleichen Grunde bleibt auch beim Braten und Dämpfen der größte Teil des Saftes im Fleisch. Die ausschließliche Ernährung mit Fleisch würde eine sündhafte Verschwendung mit den wertvollsten Nährstoffen bedeuten und infolge übermäßiger Zufuhr von Eiweiß der Gesundheit nachteilig sein. Andererseits verträgt unser Körper auch die Beschränkung auf Nährstoffe aus dem Pflanzenreich nicht gut, da uns die der Pflanzennahrung einseitig angepaßten Verdauungswerkzeuge (Mahlzähne mit Schmelzfalten, Wiederkäuermagen usw.) fehlen. Unserem Körperbau am angemessensten ist gemischte Kost. Der Hauptwert der grünen Gemüse und des Obstes beruht in den darin enthaltenen Nährsalzen, welche für die Bildung eines gesunden Blutes und fester Knochen notwendig sind. Außerdem liefern sie uns gewisse für das Leben unentbehrliche Stoffe, deren Mangel schwere Krankheiten verursacht. Diese Stoffe werden Vitamine genannt (von lat. vita = Leben).

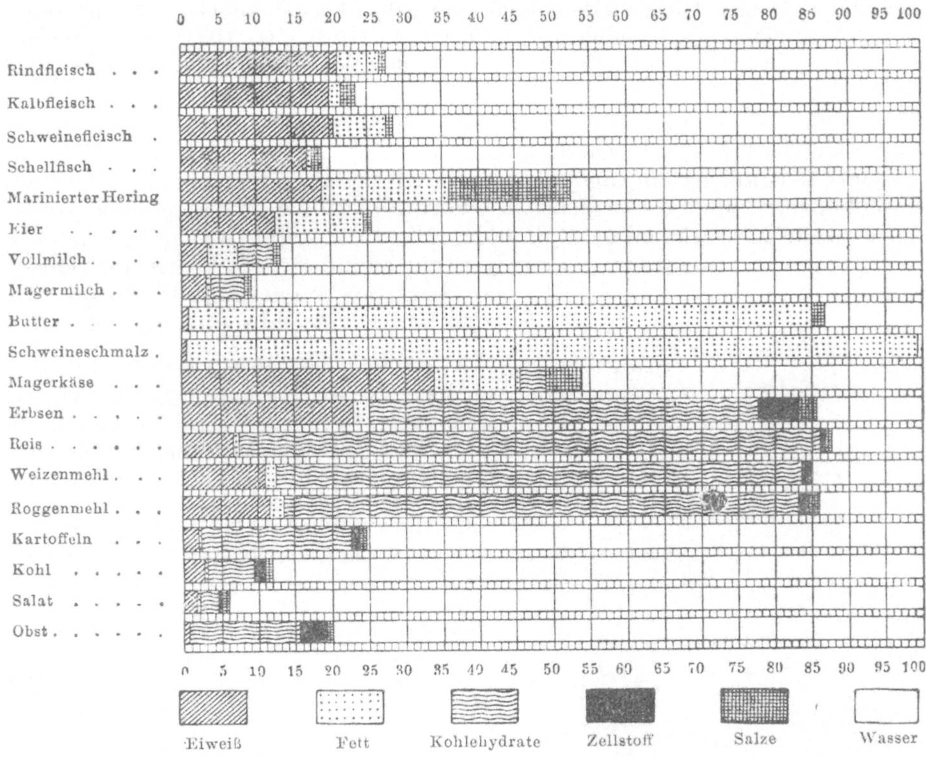

Abb. 99. Zusammensetzung wichtiger Nahrungsmittel in Prozenten ausgedrückt (nach König).

§ 49. Silizium und Kieselsäure.

Der Name **Silizium** ist von silex (Genit. silicis) = Kiesel abgeleitet. Das lateinische Wort bezeichnete gewisse harte Steine, Kieselstein, Feuerstein, die heute unter dem Begriff Q u a r z zusammengefaßt werden. Obwohl Quarz das verbreitetste Mineral ist (schon der Mensch der Steinzeit kannte und benützte ihn zur Herstellung seiner einfachen Werkzeuge und Waffen), gelang es erst 1823 Berzelius seine Zusammensetzung festzustellen.

Wird ein inniges Gemisch von 3 g fein zerstoßenem Quarz mit 2 g Magnesiumpulver erhitzt, so tritt plötzlich unter Erglühen eine lebhafte Reaktion ein. Es entsteht neben Magnesiumoxyd ein brauner geschmolzener Stoff. Beim Eintragen des Reaktionsproduktes in verdünnte Salzsäure, welche das Magnesiumoxyd wegnimmt, bleibt ein braunes amorphes Pulver zurück: das Element Silizium.

Wird trockenes braunes Silizium im Sauerstoffstrom erhitzt, so verbrennt es zu einem weißen Oxyd von der Formel SiO_2, das in seinem chemischen Verhalten ganz mit dem Quarz übereinstimmt.

Quarz ist S i l i z i u m d i o x y d; die Abscheidung des Siliziums durch Magnesium ist eine Reduktion.

Das Silizium löst sich in geschmolzenem Zink auf. Wird das Metall nach dem Erstarren in Salzsäure gebracht, so bleibt das Silizium in grauschwarzen glänzenden Kriställchen zurück.

Bei der hohen Temperatur des elektrischen Ofens gelingt die Reduktion von Quarz auch durch Kohle. Hierbei erhält man aber neben kristallinischem Silizium grüngraue, stark glänzende Kristalle von S i l i z i u m k a r b i d, SiC. Dieser Stoff zeichnet sich durch sehr große Härte aus und wird deshalb unter dem Namen K a r b o r u n d als Schleifmittel verwendet.

Siliziumdioxyd bildet als Q u a r z eine Mineralart, welche einen hervorragenden Anteil am Aufbau der Erdrinde hat.

Quarz kristallisiert hexagonal, meistens in Prismen mit zwei aufgesetzten Rhomboedern. Sind die beiden Rhomboeder gleichmäßig ausgebildet, so erscheinen sie als sechsseitige Pyramide. Die Prismenflächen sind mehr oder weniger deutlich quergestreift. Die Kristalle sind meist stark verzerrt. Quarz zeichnet sich durch große Härte aus. Er ritzt Stahl und gibt damit Funken.

Er kommt in zahlreichen Abarten vor:

a) Kristallisiert und kristallinisch. Wasserklar als B e r g k r i s t a l l (bedeutet soviel wie Bergeis, im Altertum hielt man ihn für stark zusammengepreßtes Eis); bräunlich bis schwarz als R a u c h q u a r z; violett als A m e t h y s t; abgerollt als B a c h k i e s e l (besonders reichlich in den aus Granitgebirgen stammenden Gewässern); weiß als M i l c h - q u a r z (mit feinen Rissen durchsetzter Quarz); blaßrot gefärbt als R o s e n q u a r z; mit grünlichen bzw. braunen faserigen Mineralien durchwachsen, bildet er das K a t z e n a u g e und das T i g e r a u g e. Die Sandsteine bestehen aus Quarzkörnchen, die miteinander verkittet sind; Eisenkiesel ist rotbraun gefärbter, kristallisierter Quarz.

Abb. 100. Bergkristall.

b) Dichter Quarz. Dazu gehören Jaspis (gelb bis braunrot); Kieselschiefer (völlig schwarz und undurchsichtig, dient dem Goldarbeiter als Probierstein); Chalcedon (meist traubig oder nierenförmig, durchscheinend und bläulichgrau gefärbt); Carneol (rot); Chrysopras (apfelgrün); Hornstein oder Holzstein (verkieseltes Holz); Feuerstein (häufig in der Kreide Knollen bildend, auf dem flachmuscheligen Bruch dunkel gefärbt und an den scharfen Kanten durchscheinend); Achat und Onyx zeigen wechselnd gefärbte Schichten und kommen oft in Knollen, sog. Achatmandeln, vor.

Abb. 101. Achatmandel, geschliffen.

Abb. 102. Amethystdruse.

Als Felsart heißt er Quarzit; ein bedeutendes Vorkommen desselben ist der Pfahl im Bayrischen Wald, d. i. ein 140 km langer Zug von Quarzit, der gleich einer wild zerklüfteten Mauer aus dem leichter verwitternden Gneis aufragt. Mit anderen Mineralien verwachsen bildet Quarz gemengte Gesteine, z. B. Granit und Gneis.

Die bunten Formen von Quarz werden als Schmucksteine verwendet. Im Knallgasgebläse geschmolzener Bergkristall dient als Quarzgut zur Herstellung von Geräten für chemische und physikalische Zwecke. Es verträgt wegen seines außerordentlich geringen Ausdehnungsvermögens plötzliche starke Temperaturveränderungen sehr gut.

Quarz ist in Wasser nicht ganz unlöslich. Bei langer Berührung nimmt Wasser Spuren von Quarz auf und bildet damit **Kieselsäure.**

Die Kieselsäure des Bodens und der Gewässer wird von den Organismen aufgenommen und als Mittel zur Festigung des Körpers verwendet. Die Asche aller Pflanzen enthält Kieselerde; durch hohen Kieselsäuregehalt zeichnen sich Gräser und Schachtelhalme aus. Aus Kieselsäure stellen die winzigen Diatomeen (Kieselalgen) und die zierlichen Radiolarien ihre formenreichen, mikroskopischen Panzer und Gittergerüste her. Gewisse Schwämme verschaffen ihrem weichen Körper durch Einlagerung harter Kieselsäurenadeln Stütze. Auch im menschlichen Organismus trägt Kieselsäure zur Erhöhung der Widerstandsfähigkeit der Gewebe bei. Aus den Skeletten abgestorbener Diatomeen besteht die Kieselgur, eine leichte mehlige Erde, die u. a. in der Lüneburger Heide mächtige Ablagerungen bildet (Verwendung wegen ihres großen Aufsaugungsvermögens zu Dynamit, d. i. mit Nitroglyzerin getränkte Kieselgur, ferner in den Berkefeldfiltern zum Reinigen von Trinkwasser, auch als Isoliermittel gegen Wärmeverlust).

Aus amorpher Kieselsäure besteht das Mineral **Opal.** Opal kommt häufig, ähnlich dem Chalcedon, in knolligen und traubigen Massen vor. Der edle Opal ist milchigweiß mit schönem irisierenden Farbenspiel (wertvoller Edelstein); Wachsopal und Feueropal sind wachsglänzend und gelblich bis gelbrot.

Hierher zählt auch der Kieselsinter, der sich aus heißen Quellen (Island, Nordamerika, Neuseeland) oft in großartigen Terrassen absetzt.

Opal und Quarz sind größtenteils aus ursprünglich gelöster Kieselsäure entstanden; darauf deuten auch die nicht seltenen Flüssigkeitseinschlüsse im Quarz hin. Besonders günstige Bedingungen für die Bildung von Quarzkristallen weisen Hohlräume im Urgestein auf, an deren Innenwand oft schöne Drusen von kristallisiertem Quarz gefunden werden (Kristallhöhlen des St. Gotthard). Die verschiedenen Färbungen verdanken die besprochenen Mineralien den Beimengungen, die sich aus der Kieselsäurelösung mit abgeschieden haben.

§ 50. Glas, Tonwaren.

Wasserglas. Beim Zusammenschmelzen von Soda und Quarz entweicht Kohlendioxyd, und es entsteht eine glasähnlich erstarrende Masse: Wasserglas. In heißem Wasser löst es sich allmählich zu einer dicklichen Flüssigkeit. Schneller erfolgt die Lösung bei Anwendung von Papinschen Töpfen, die eine Dampfdruckerhöhung und somit eine Temperatursteigerung ermöglichen. Man benützt es, um Holz und Gewebe schwer verbrennlich zu machen. Mit Kreide gemischt dient es als Kitt für Porzellan und Glas; im Haushalt verwendet man es zum Waschen und zum Frischhalten von Eiern.

Beim Ansäuern mit Salzsäure scheidet sich aus Wasserglaslösungen ein gelatinöser Niederschlag ab: Kieselsäure. Selbst die schwache Kohlensäure bewirkt diese Umsetzung. In sehr verdünnter Silikatlösung ruft das Ansäuern zunächst keinen Niederschlag hervor: die Kieselsäure bleibt gelöst; erst nach langem Stehen bildet sich eine durchsichtige Gallerte (kolloidale Kieselsäure).

Wasserglas ist kieselsaures Natrium oder Natriumsilikat.

Glas. Wird ein Gemenge von gepulvertem Kalkstein und zerkleinertem Quarz stark erhitzt, so findet derselbe Prozeß statt wie beim Zusammenschmelzen von Soda und Quarz, d. h. es entsteht kieselsaures Calcium und Kohlendioxyd. Beim Zusammenschmelzen eines Gemenges von Soda, Kalkstein und zerkleinertem Quarz entsteht daher ein Gemisch von Natrium- und Calciumsilikat, das beim Erkalten zu einer durchsichtigen, amorphen Masse erstarrt, die in Wasser nicht löslich ist und das gewöhnliche Glas bildet. Man kann es als eine starre Lösung der beiden Silikate ineinander ansehen.

Verwendet man bei der Herstellung des Glases statt Soda Pottasche, so erhält man Kaliglas, das besonders widerstandsfähig ist und zu chemischen Geräten verwendet wird. Wird zur Gewinnung des Kaliglases Bleioxyd statt des Calciumkarbonats benützt, so erhält man ein Glas, das sich durch starkes Lichtbrechungsvermögen und Glanz auszeichnet. Es findet häufig für optische Zwecke Anwendung. Werden dem Glassatz vor dem Schmelzen bestimmte andere Metalloxyde beigemengt, so entstehen Silikate der betreffenden Metalle, die dem Glas häufig bestimmte Färbungen verleihen.

Die Rohstoffe werden gemahlen, im berechneten Verhältnis gemischt und in feuerfesten Wannen oder Häfen durch Generatorgasflammen niedergeschmolzen. Der gleichmäßige Schmelzfluß durchläuft beim Abkühlen alle Grade der Weichheit bis zum starren Zustand; das Glas hat also keinen bestimmten Schmelz- oder Erstarrungspunkt wie eine chemische Verbindung. Dem zähen Glasfluß kann durch Blasen und Pressen jede beliebige Form gegeben werden.

Abb. 103a. Stirnwand eines Glasofens. Die Arbeitsoffnungen, durch die das Glas aus der Wanne entnommen wird, sind geschlossen.

Abb. 103b. Einblasen einer Flasche in die eiserne Form.

Abb. 103c. Herstellung von Tafelglas, Schwenken der Walze.

(Nach Diapositiven von Dr. F. Stoedtner, Berlin.)

Abb. 103 d. Gießtisch für Spiegelglasplatten.
(Mit Genehmigung d. Vereins deutscher Spiegelglasfabriken G. m. b. H.)

Geschichtliches. Die Herstellung des Glases war den Ägyptern, wie Gräberfunde erwiesen, schon vor mehr als 3000 Jahren bekannt. Erst spät kam die Kunst nach Rom und Byzanz; vom 13. Jahrhundert an entwickelte sie sich in Venedig zu hoher Blüte. In Deutschland bestehen seit nahezu 1000 Jahren Glashütten. Jahrtausendelang diente Glas nur zu Schmuckgegenständen. Im frühen Mittelalter gab es zwar schon bunte Kirchenfenster, aber in Wohnhäusern waren Glasfenster noch im 16. Jahrhundert eine Seltenheit. Erst seit etwa 100 Jahren (seit der fabrikmäßigen Gewinnung der Soda) hat das Glas ausgedehnte Anwendung gefunden.

Zahlreich sind die **natürlichen Silikate.** Im folgenden seien nur einige der geologisch und technisch wichtigsten kurz besprochen.

Der **Feldspat,** $KAlSi_3O_8$, kommt in tafel- oder säulenförmigen Kristallen und kristallinisch vor. Selten ist er farblos und durchsichtig, meist ist er rötlich gefärbt. Außer für sich tritt er als wichtiger Bestandteil gemengter Gesteine (Granit, Gneis) auf. Obgleich ein sehr widerstandsfähiges Mineral, das unter gewöhnlichen Umständen weder von Wasser noch von Säuren angegriffen wird, erleidet er doch durch lang andauernde Einwirkung von Wasser und Kohlensäure und unter Mitwirkung des Frostes eine allmähliche Zersetzung, eine Verwitterung. Diese ist sehr wichtig für die Bildung anderer Mineralien und für die Ernährung der Pflanzen. Der Feldspat liefert dabei Kaliumkarbonat, Kieselsäure und wasserhaltiges Aluminiumsilikat. Auf diese Weise gelangen lösliche Kaliumsalze in den Äckerboden, die den Pflanzen als Nährstoff dienen. Daher liefern feldspathaltige Gesteine fruchtbares Erdreich. Die bei der Verwitterung entstandene Kieselsäure geht in Lösung und scheidet sich später als Opal, Hornstein, Kieselsinter ab. Das wasserhaltige Aluminiumsilikat liefert entweder reinen Ton oder es wird von seinem Entstehungsort durch Wasser weggeschwemmt und dabei mit Kalk und Sand vermengt und als unreiner Ton (plastischer Ton, Lehm, Mergel) wieder abgelagert.

Abb. 104.
Porzellanbereitung. Oben (Hintergrund): Modellieren, Eintauchen in die Glasurmasse.
Links Kollergang, Holzformen. Rechts: Feuerfeste Kapseln, Trocknen der Gegenstände
(oben), Topferscheibe.
(Nach d. Bilde d. „Technolog. Wandtafeln" v. M. Eschner. Verlag F. E. Wachsmuth, Leipzig.)

In ähnlicher Weise, wenn auch schwieriger, verwittern die **Glimmer**. Es sind
dies schuppig und blättrig kristallisierende Mineralien. Ihre Härte ist verhältnismäßig gering. Besonders wichtig ist der Kaliumglimmer. Seine Farbe ist
weißgrau bis bräunlich. Auf der Spaltfläche besitzt er Perlmutterglanz. Der
Magnesiumglimmer ist dunkler gefärbt. Auch die Glimmer bilden Bestandteile
vieler Gesteinsarten (Granit, Gneis, Glimmerschiefer). Der helle, durchsichtige
wird für Lampenzylinder, Schutzbrillen usw. benützt.

Der **Ton** ist in reinster Form weiß und erdig und heißt Kaolin oder wegen
seiner Hauptverwendung Porzellanerde. Ton besitzt die Eigenschaft, mit
Wasser eine knetbare Masse zu geben, welche beim Trocknen und Glühen
steinhart wird. Darauf beruht seine Anwendung zu Tonwaren, deren wert-
vollste das **Porzellan** ist.

Die Porzellanmasse ist ein Gemenge von feinst gemahlenem Kaolin, Quarz und
Feldspat. Die geformten oder gegossenen Gegenstände werden getrocknet, dann in
Schamottekapseln eingeschlossen im Porzellanofen bei etwa 900° verglüht, hierauf
mit der ähnlich zusammengesetzten Glasurmasse überzogen und bei 1500° gebrannt.

Kaolin ist auch nach dem Brennen ganz weiß. Der Porzellanscherben ist durchscheinend und klingend hart.

Der gewöhnliche Töpferton ist mehr oder weniger mit Calciumkarbonat, Sand
und Eisenverbindungen vermengt, welch letztere ihm verschiedene Färbungen,
besonders im gebrannten Zustand, verleihen. Er ist bildsamer (plastischer)
als Kaolin und wird zu Steinzeug, Töpfer- und Ziegelwaren benützt.

Geschichtliches. Ziegelei und Töpferei gehören zu den ältesten Gewerben. Schon
vor 6000 Jahren wurden in Ägypten und Babylon gebrannte Ziegel und einfache
irdene Gefäße hergestellt. Kunstvolle Vasen aus dem klassischen Altertum zeugen
von der hohen Entwicklung der Töpferei bei den alten Griechen. Das Porzellan ist
eine alte Erfindung der Chinesen (Chinaware); die ersten Porzellanwaren kamen
im 16. Jahrhundert nach Europa; seit Beginn des 18. Jahrhunderts, nach der Erfindung des Alchimisten Böttger in Meißen, wird es bei uns hergestellt.

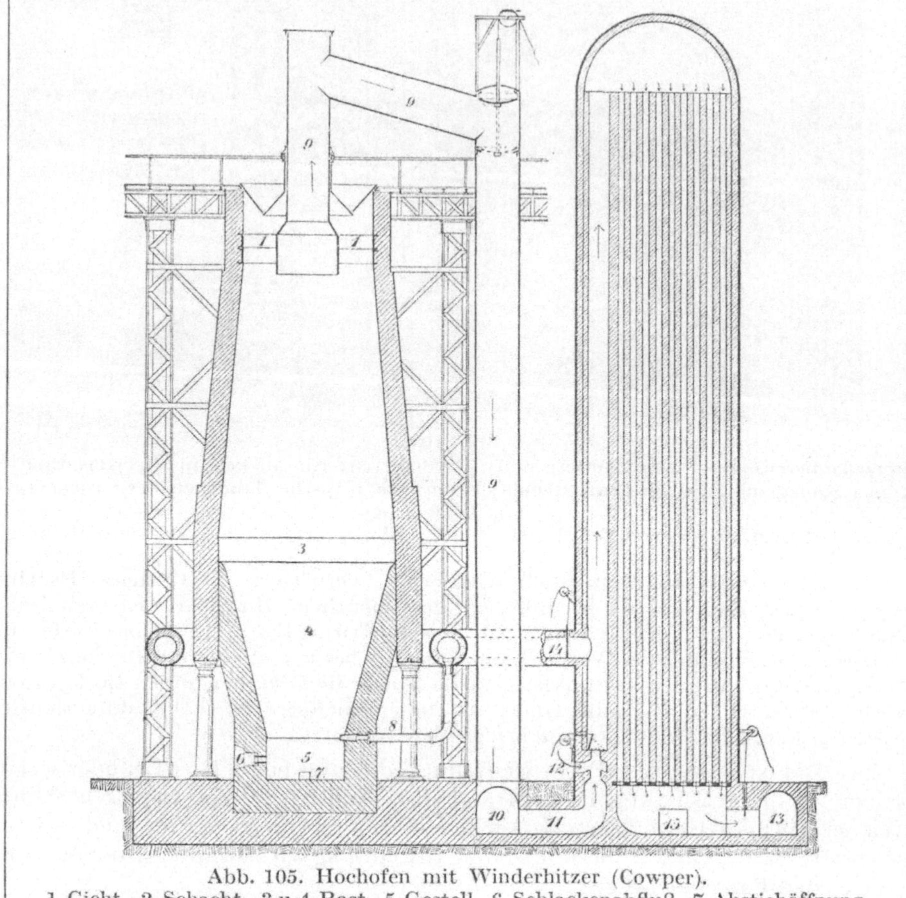

Abb. 105. Hochofen mit Winderhitzer (Cowper).
1 Gicht, 2 Schacht, 3 u. 4 Rast, 5 Gestell, 6 Schlackenabfluß, 7 Abstichöffnung,
8 Windrohr, 9 Gichtgasleitung, 10 u. 11 Gaseintritt, 12 Lufteintritt in den
Cowper, 13 Kanal zur Esse, 14 Verbindung des Cowper mit der Windleitung.

§ 51. Das Eisen.

Das **Eisen** ist das wichtigste aller Metalle. Die Eisenproduktion eines Landes bildet eine wesentliche Grundlage für seine Verteidigung; das Eisen liefert dem Landmann das Ackergerät, der Industrie und dem Handwerk Maschinen und Werkzeuge; aus ihm bauen wir Schiffe, Eisenbahnen und Brücken; unzählige Gegenstände des täglichen Lebens bestehen aus Eisen. Seine vielseitige Verwendbarkeit ist durch seine große Festigkeit und darin begründet, daß man ihm durch Schmieden, Walzen, Drehen. Feilen und Gießen jede gewünschte Form geben kann.

Deutschland erzeugte im Jahre 1913 nahezu 20 Millionen Tonnen **Roheisen**; damit hatten wir England übertroffen und nahmen in der Weltproduktion die zweite Stelle ein; an der Spitze stehen die Vereinigten Staaten.

Abb. 106. Hochofenanlage, links 3 Cowper.

Durch den Vertrag von Versailles, der uns die wichtigen Erzlager in Lothringen und einen großen Teil unserer Kohlenförderung genommen hat, ist Deutschland aus dieser Stellung verdrängt worden.

Eisenerze. Gediegenes Eisen stellen manche Meteore vor, das sind auf unsere Erde gefallene Trümmer ehemaliger Planeten. Wegen ihrer Seltenheit kommt ihre Verwendung nicht in Betracht. Das häufigste Eisenmineral, der Pyrit, eignet sich wegen seines Schwefelgehaltes nicht für die unmittelbare Verhüttung.

1. Das reichste Eisenerz ist der **Magneteisenstein** Fe_3O_4. Er kommt in schwarzen Oktaedern in Gneis und Glimmerschiefer vor; größere Lager sind selten (Schweden, Ural). Beim Reiben auf rauhem Porzellan hinterläßt er einen schwarzen Strich. Magneteisenstein hat seinen Namen von der kleinasiatischen Stadt Magnesia, wo im Altertum dieses Erz mit seiner merkwürdigen Eigenschaft, Eisenstücke anzuziehen, gefunden wurde.

2. Häufiger ist das **Roteisenerz** Fe_2O_3. Es findet sich in schwarzen, metallglänzenden Kristallen als Eisenglanz, in Form von Knollen mit strahligem Bau als roter Glaskopf, Blutstein oder Hämatit. Alle die verschiedenen Formen geben einen roten Strich.

3. Das verbreitetste Eisenerz ist das **Brauneisenerz** $Fe(OH)_3$. Es bildet oft braune bis schwarze Knollen von faserigem Gefüge (brauner Glaskopf); meist ist es erdig und tonhaltig; in der Form unregelmäßiger brauner Körper nennt man es Bohnerz; ein feinkörniges Bohnerz ist die phosphathaltige Minette Lothringens, welche 60 % der deutschen Eisenerzförderung ausmachte. Kennzeichnend für alle Brauneisenerzformen ist der hellbraune Strich; beim Erhitzen geben sie Wasser ab.

4. Kohlensaures Eisen bildet den **Spateisenstein** $FeCO_3$, der wie Kalkspat kristallisiert und mit Salzsäure aufbraust.

Die meisten Eisenerze Deutschlands stammten aus dem Ruhrbecken, aus Luxemburg, Lothringen und Oberschlesien. Unsere Eisenerzvorräte werden

Abb. 107. Thomasbirne beim Beginn der Blasperiode. Von der Druckluft mitgerissene, schnell verbrennende Eisenteilchen regnen als glänzendweiße Sternchen aus der sich langsam aufrichtenden Birne hernieder.

(Mit Genehmigung des Deutschen Museums, München.)

viel eher erschöpft sein als unsere Kohlenvorräte. Bei der oben angegebenen Eisenerzeugung waren wir schon vor 1918 auf ausländische Erze angewiesen, wir werden es in Zukunft noch mehr sein. Daraus ergibt sich die Notwendigkeit, im Eisenverbrauch zu sparen und alles Alteisen (Schrott) zu verwerten.

Verhüttung. Die Erze werden zunächst zerkleinert und geröstet, wobei Wasser, Kohlendioxyd und andere vergasbare Stoffe entweichen. Das so vorbereitete Erz enthält das Eisen nur mehr als Oxyd. Es wird nun mit Zuschlägen gemischt, das sind Gesteine, welche sich mit den Beimengungen, der „Gangart", der Erze zu einer leichtschmelzenden Schlacke vereinigen. Das Erz mit den Zuschlägen wird im Wechsel mit Koks in dem Hochofen oben, in die Gicht, eingetragen.

Der Hochofen ist ein 20—25 m hoher Schachtofen, der im Innern mit feuerfesten Steinen (Schamotte) ausgemauert ist. Der Hohlraum ist unten, im Gestell, zylindrisch (Durchmesser 3,5 m), dann erweitert er sich in der Rast nach oben; darauf folgt der sich oben verjüngende Schacht. Die Gicht ist durch einen Trichter mit Glocke verschließbar. In das Gestell münden 6—8 Gebläseformen, das sind Düsen aus Phosphorbronze, die mit Wasser gekühlt werden und heiße Preßluft dem Ofen zuführen. Vor dem Wind verbrennt der Kohlenstoff zu CO_2, das aber in der Rast durch glühenden Koks zu CO reduziert wird. Dieses reduziert das Eisenoxyd im Schacht. Das gebildete Eisen schmilzt aber erst, wenn es in der Rast Kohlenstoff aufgenommen hat. Von der geschmolzenen Schlacke umhüllt und dadurch vor der Oxydation durch den Wind geschützt, tropft das Eisen in das Gestell. Es sammelt sich auf der Sohle, bedeckt von der leichteren Schlacke. Während diese beständig abfließt, wird das Eisen etwa alle 6 Stunden abgelassen und in Sandformen geleitet, wo es zu Barren erstarrt. Die Abgase des Hochofens enthalten noch viel Kohlenoxyd. Sie werden an der Gicht abgesaugt, vom Flugstaub befreit und der Reihe nach durch drei Winderhitzer (Cowper), das sind 30 m hohe, mit einer Kuppel abgeschlossene Türme, geleitet; dort verbrennen sie mit angesaugter Luft in einem System feuerfester Röhren, die dadurch auf helle Rotglut erhitzt werden; schließlich werden die Gase durch einen hohen Schornstein abgesogen. Währenddessen wird durch einen vierten, bereits erhitzten Cowper in umgekehrter Richtung frische Luft gepreßt, welche sich hier auf 800—900° erwärmt und dann in den Hochofen gelangt. Dadurch wird eine Menge Brennstoff gespart. Auch die Gasmaschinen zum Absaugen der Gichtgase und Pressen des Windes sowie die Dampfkessel werden mit Gichtgasen geheizt.

Ein moderner Hochofen ist viele Jahre ununterbrochen in Betrieb und liefert täglich bis 900 t Eisen.

Abb. 108. Auskippen der Thomasbirne in die auf dem Gußwagen stehende Gießpfanne, die das flüssige Eisen in die Gießhalle bringt.
(Mit Genehmigung des Deutschen Museums, München.)

Das im Hochofen ausgebrachte Eisen enthält stets eine Reihe von Beimengungen, deren wichtigste Kohlenstoff ist. Es heißt **Roheisen,** ist nicht schmiedbar, da es spröde ist und schmilzt, ohne vorher teigig zu werden.

Man unterscheidet zwei Roheisensorten:

a) Graues Roheisen (Gußeisen). Die Bruchfläche ist dunkelgrau gefarbt, körnig bis feinschuppig; der Kohlenstoff ist größtenteils graphitartig beigemengt. Beim Auflösen in Salzsäure bleibt dieser zurück. Man benützt es zu Gußwaren, da es im geschmolzenen Zustand dünnflüssig ist und die Formen gut ausfüllt.

b) Weißes Roheisen. Seine Bruchfläche ist hell, feinförmig. Der Kohlenstoff ist chemisch mit dem Eisen verbunden. Er ist spröder und härter als das Gußeisen. Man benützt es zur Darstellung des **schmiedbaren** Eisens.

Zur Gewinnung des schmiedbaren Eisens muß dem Roheisen der Kohlenstoff teilweise entzogen werden. Zu diesem Zweck wird es in geschmolzenem Zustand einer Oxydation unterworfen. Je nach dem Grade der Entkohlung gewinnt man:

Abb. 109. Schienenwalzwerk der Kruppschen Friedrich-Alfred-Hütte in Rheinhausen.

a) **Schmiedeeisen** mit nur 0,04—0,4 % Kohlenstoff; es ist sehr schwer schmelzbar, aber dehnbar und weich, im Bruch faserig oder sehnig.

b) **Stahl** mit 0,5—1,5 % Kohlenstoff ist hart und elastisch und hat körnigen Bruch; wird er erhitzt und plötzlich in Wasser abgekühlt, so erlangt er Glashärte; durch stärkeres Erhitzen verliert er an Härte. Durch Zusatz gewisser Metalle erhält der Stahl besondere Festigkeit und Härte.

Das wichtigste Verfahren zur Entkohlung des Eisens ist das 1855 von dem Engländer **Bessemer** erfundene. Das flüssige Roheisen wird in ein drehbares, eisernes, mit Kalk ausgefüttertes birnförmiges Gefäß gegossen (Abb. 107 u. 108); dann wird durch Röhren im Boden der Birne Luft in das Eisen geblasen. Dadurch verbrennen sofort Silizium, Kohlenstoff und andere Beimengungen des Eisens, welches durch die Verbrennungswärme über seinen Schmelzpunkt erhitzt wird. In 15—20 Minuten sind 10—20 t Roheisen in schmiedbares Eisen verwandelt, das, weil es im flüssigen Zustand erhalten wird, **Flußeisen** bzw. **Flußstahl** genannt wird.

War das Roheisen phosphorhaltig, so gewinnt man beim Bessemern eine an Calciumphosphat reiche Schlacke, welche gemahlen als Thomasmehl ein wertvolles Düngemittel darstellt.

An trockener Luft behält das Eisen seine metallische Oberfläche; an feuchter Luft überzieht es sich mit gelbbraunem porösen **Rost**. Schließlich geht es durch die ganze Masse in Rost über.

Erhitzt man Rost im Reagenzglas, so verliert er Wasser und verwandelt sich in braunrotes Eisenoxyd.

Um das Eisen vor dem Rosten zu schützen, überzieht man es mit anderen Metallen, Ölfarbe, Lack oder mit einer glasähnlichen Masse, **Email**.

Eisen wird von allen verdünnten Säuren angegriffen; bei Luftabschluß geht es dabei in grüne Lösungen über, welche das zweiwertige Eisenion (Ferroion) enthalten. Durch Einwirkung von Sauerstoff oder Chlor werden die Lösungen gelb, weil das grüne Ferroion in das dreiwertige Ferriion übergeht.

Das Eisen bildet einen Bestandteil des roten **Blutfarbstoffes**, der als Sauerstoffüberträger eine wichtige Rolle spielt; ferner ist es bei der Entstehung des **Blattgrüns** beteiligt, denn die Pflanzen bleiben bleich, wenn unter ihren Nährstoffen Eisenverbindungen fehlen.

§ 52. Kupfer, Blei, Zinn.

Das **Kupfer (Cuprum)**. Die wichtigsten Kupfererze sind: Malachit, $CuCO_3 \cdot Cu(OH)_2$; er ist durch eine schöne grüne Farbe ausgezeichnet. **Kupferglanz**, Cu_2S, und **Kupferkies**, $CuFeS_2$. Außerdem kommt Kupfer in größerer Menge auch gediegen vor. Reiche Fundorte sind in Nordamerika (am Oberen See), Chile, Japan, China. Deutschland erzeugt aus eigenen Erzen (Kupferschiefer von Mansfeld) nur wenig Kupfer, so daß es zur Deckung seines Bedarfs auf die Einfuhr angewiesen ist.

Das Kupfer ist vor allem auffallend durch seine rote Farbe, besitzt starken Glanz und große Dehnbarkeit, läßt sich daher zu feinem Draht ausziehen.

An feuchter Luft überzieht es sich mit einer grünen Schicht von basisch kohlensaurem Kupfer (**Patina**). Das darunter befindliche Kupfer wird nicht weiter verändert.

Bei gleichzeitiger Einwirkung von Luft wird es auch von schwachen und verdünnten Säuren, wie Essig, angegriffen, indem sich Salze bilden. Seine

Salze sind giftig. Daher dürfen saure Getränke und Speisen in Gefäßen aus Kupfer oder Messing nicht längere Zeit aufbewahrt werden.

Das Kupfer hat eine vielfältige Verwendung als Blech und Draht, am meisten in der Elektrotechnik; man benützt es zu Kesseln und Destillierblasen, zu Geräten im Haushalt, zu Münzen und zu einer großen Zahl von Legierungen.

Viele Metalle lösen sich im geschmolzenen Zustande gegenseitig auf. Man nennt diese Metallmischungen Legierungen. Die Eigenschaften der Legierungen sind oft ganz andere, als man nach den Eigenschaften der einzelnen darin enthaltenen Metalle erwarten sollte. Der Schmelzpunkt kann niedriger sein als der des leichtest schmelzbaren Bestandteils. Man ist dadurch imstande, gewissermaßen „neue Metalle" mit gewünschten Eigenschaften künstlich herzustellen.

Aus Kupfer und Zink besteht Messing, aus Kupfer, Zink und Nickel Neusilber, aus Kupfer und Zinn Bronze und Glockenmetall.

Das Blei (Plumbum). Sein wichtigstes Erz ist der schon früher beschriebene Bleiglanz, PbS; aus ihm wird fast alles Blei gewonnen.

Auf frischer Schnittfläche ist das Blei lebhaft glänzend. Der Glanz verschwindet ziemlich rasch, indem es sich mit einer mattgrauen Oxydschicht überzieht, welche das darunter liegende Blei vor weiterer Oxydation schützt. Es ist weich, abfärbend und dehnbar, besitzt nur geringe Festigkeit. In geschmolzenem Zustand der Luft längere Zeit ausgesetzt, überzieht es sich mit einer schmutzig gelbroten Schicht von Bleioxyd. Unter gleichzeitigem Einfluß von Wasser und Luft geht es in Bleihydroxyd über, das in reinem Wasser etwas löslich ist, nicht aber in hartem Wasser, das Sulfate und Karbonate enthält; es überzieht sich nämlich darin mit einer Schicht von unlöslichem Bleisulfat oder -karbonat. Daher können Bleiröhren zu Wasserleitungen für hartes Wasser benützt werden. Da alle löslichen Bleiverbindungen stark giftig sind, dürfen in Gefäßen aus Blei oder Bleilegierungen keine sauren Getränke oder Speisen aufbewahrt werden.

Das Blei wird außer in Form von Röhren und Platten (Akkumulatorenplatten) zum Gießen von Bleikugeln und Flintenschrot, ferner zu Legierungen verwendet. Letternmetall besteht aus 1 Teil Antimon und 4—5 Teilen Blei. Das Antimon verleiht dem Blei größere Härte (Hartblei). Mit Zinn legiert, verwendet man es zu Geräten, Deckeln von Krügen und zum Schnellot.

Das Zinn (Stannum). Das einzige Zinnerz ist der Zinnstein = Zinnoxyd, SnO_2. Er bildet in Granit harte, dunkelbraune, glänzende Kristalle. Das meiste Zinn kommt aus Indien und Bolivia.

Das Zinn besitzt eine fast silberweise Farbe und lebhaften Glanz. Es ist ziemlich weich und sehr dehnbar, läßt sich zu sehr dünnen Blättern ausschlagen (Stanniol). An der Luft ist es bei gewöhnlicher Temperatur fast unveränderlich. Wegen seiner Beständigkeit benützt man es zum Überziehen von Eisen und Kupfer. Verzinntes Eisenblech heißt Weißblech. Das Zinn wird ferner für sich oder legiert mit Blei, das ihm größere Härte verleiht, zu Geräten verwendet. Stanniol dient als Verpackungsmaterial und zum Belegen von Quecksilberspiegeln. Zinnlegierungen sind: Glockenmetall, Bronze (Zinn und Kupfer) und Britanniametall, aus welchem Eßbestecke, Geschirre und andere Geräte hergestellt werden.

§ 53. Nickel, Zink, Aluminium, Magnesium.

Das **Nickel** ist grauweiß, sehr politurfähig und dehnbar. An der Luft bleibt es unverändert, von Salz- und Schwefelsäure wird es langsam, von Salpetersäure rascher angegriffen. Es wird zu Geräten im Haushalt, zum Vernickeln von Eisen, zu verschiedenen Legierungen, besonders zu Neusilber und Nickelmünzen und als Zusatz zum Stahl verwendet.

Das **Zink** kommt in der Zinkblende, ZnS, und im Zinkspat, $ZnCO_3$, vor. Aus beiden Mineralien wird das Metall gewonnen.

Es bestitzt eine bläulichweiße Farbe, starken Metallglanz und blättrige Bruchfläche. Bei gewöhnlicher Temperatur ist es spröde, zwischen 100 und 150° aber dehnbar, kann daher innerhalb dieser Temperatur zu Blech ausgewalzt und zu Draht ausgezogen werden. Beim Liegen an der Luft überzieht es sich nach und nach mit einer Schicht, welche das darunterliegende Metall vor weiterer Veränderung schützt. Von Säuren wird es leicht aufgelöst. Die Zinkverbindungen sind giftig. Das Zink wird als Blech, ferner zu Zinkguß und Legierungen (Messing, Neusilber) und zum Verzinken von Eisen verwendet.

Das **Aluminium** unterscheidet sich von den übrigen Gebrauchsmetallen durch sein geringes Eigengewicht. Das reine Metall behält bei gewöhnlicher Temperatur seinen Glanz und seine bläulichweiße Farbe. Es ist sehr dehnbar (Blattaluminium). Leider wird es von Säuren und Laugen leicht angegriffen.

Es wird jetzt viel zu Geräten, die man früher aus Eisen oder Messing hergestellt hatte, verwendet; besondere Bedeutung hat es als Baustoff für Luftschiffe und Flugzeuge. Seine Legierungen zeichnen sich durch Festigkeit und schöne Farbe aus. Die harte goldgelbe Aluminiumbronze (Kupfer und Aluminium) wird zu Schmuckgegenständen und als Lagermetall verwendet. Aluminium wird mit Hilfe des elektrischen Stromes heute in großen Mengen aus seinem Oxyd gewonnen.

Das **Magnesium** ist ein silberweißes Metall, das noch leichter als Aluminium ist. An der Luft überzieht es sich mit einer matten Oxydschicht. Es kommt als Band, Draht und Pulver in den Handel. Wegen seiner äußerst starken Lichtentwicklung beim Abbrennen wird es zu Blitzlicht und Fackeln gebraucht. Es wird durch Elektrolyse von geschmolzenem Magnesiumchlorid-Kaliumchlorid gewonnen. Wertvoll sind seine Legierungen mit Aluminium und Zink, das leichte, aber feste Magnalium und das Elektron, Erzeugnisse der bedeutenden elektrochemischen Industrie in Bitterfeld.

§ 54. Quecksilber, Silber, Gold, Platin.

Das **Quecksilber (Hydrargyrum)** war schon im Altertum wohlbekannt und hat im Mittelalter besonders die Alchimisten, die es mercurius nannten, lebhaft beschäftigt. Das wichtigste Quecksilbererz ist der rote Zinnober, HgS.

Es ist das einzige bei gewöhnlicher Temperatur flüssige Metall. Bei — 39° wird es fest und siedet bei 357°, verdampft aber langsam auch schon bei gewöhnlicher Temperatur. Sein Dampf ist sehr gesundheitsschädlich. Es löst verschiedene Metalle, besonders leicht Gold, Silber, Zinn, Zink und Blei, schwieriger Kupfer, nicht Platin und Eisen, weshalb es in eisernen Flaschen in den Handel kommt. Seine Legierungen nennt man Amalgame.

Man benutzt es für Thermometer und Barometer, als Sperrflüssigkeit, zur Feuervergoldung und -versilberung und zur Herstellung von Amalgamen.

Das **Silber (Argentum)** kommt in der Natur in draht- oder moosartigen, meist dunkel angelaufenen Gebilden vor. Alte, zum Teil schon ziemlich erschöpfte Fundorte sind im Erzgebirge, im Harz, in Ungarn und im Ural; heute liefern Nordamerika, Mexiko, Mittel- und Südamerika das meiste Silber. Kleine Mengen Silber sind im Bleiglanz und vielen Kupfererzen enthalten.

Das Silber verbindet mit rein weißer Farbe einen lebhaften Glanz. In Berührung mit Schwefel und Schwefelwasserstoff sowie mit manchen organischen Stoffen, z. B. Eiern, überzieht es sich mit schwarzem Schwefelsilber. Von Salpetersäure und heißer konzentrierter Schwefelsäure wird es gelöst.

Als Münzmetall und für die meisten Gebrauchsgegenstände wird es mit Kupfer legiert. Der Silbergehalt einer solchen Legierung wird in Tausendteilen angegeben. Das Wertverhältnis von Silber zu Gold ist heute etwa 1 : 40.

Die Verbindungen des Silbers werden vom Licht unter Ausscheidung von feinverteiltem schwarzen Silber zersetzt. Das Nitrat wird unter dem Namen Höllenstein in der Medizin als Ätzmittel verwendet. Chlor-, Brom- und Jodsilber, AgCl(Br, J), sind in Wasser und verdünnten Säuren unlöslich. Sie entstehen deshalb immer, wenn Silberionen mit Cl-, Br- und J-Ionen zusammentreffen. Ihre Bildung dient daher zum Nachweis der Silberionen sowohl wie der Halogenionen. Auf der großen Lichtempfindlichkeit der Silberverbindungen beruht deren Verwendung in der Photographie.

Zur Herstellung eines Lichtbildes wird eine mit Bromsilbergelatine überzogene Glasplatte in der Kamera belichtet. Hierauf wird die Platte im Dunkeln in die Lösung eines reduzierenden Stoffes, z. B. Hydrochinon getaucht. Von diesem wird das Bromsilber in dem Maße, in dem es belichtet worden war, reduziert, so daß sich schwarzes Silber ausscheidet, und zwar am stärksten an den am meisten belichteten Stellen. So entsteht ein negatives Bild. Das unzersetzt gebliebene Bromsilber muß durch eine Fixiersalzlösung entfernt werden, damit die Platte nicht nachträglich im Licht völlig schwarz wird. Das sorgfältig gewässerte und getrocknete Negativ wird im Kopierrahmen mit der Bildseite auf lichtempfindliches Papier gelegt und so mit der Glasseite nach oben dem Licht ausgesetzt. Nach hinreichender Belichtung wird das Papier ähnlich wie die Platte behandelt und liefert das positive Bild.

Das **Gold (Aurum)**, das begehrteste Metall, ist durch schöne, gelbe Farbe und lebhaften Glanz ausgezeichnet. Es ist das dehnbarste aller Metalle. Da es sehr weich ist, wird es für seine Verwendung zu Münzen und Schmuckgegenständen mit Kupfer oder Silber legiert, wodurch es härter wird. Der Goldgehalt einer solchen Legierung wird auf 1000 Teile bezogen. Die deutschen Goldmünzen enthalten $\frac{900}{1000}$ Gold; aus 1 kg Feingold wurden Goldmünzen im Wert von 2790 Mark geprägt.

Da sein Wert weniger Schwankungen unterliegt als der anderer Metalle, hat man es zum allgemeinen Wertmesser gewählt (Goldwährung).

Das Gold findet sich eingesprengt in Form kleiner Blättchen und Körnchen in verschiedenen Gesteinsarten, besonders in Quarz (Berggold). Durch Verwitterung gelangt es mit Kies und Sand in die Flüsse (Seifen- oder Waschgold). So erklärt sich das Vorkommen von Gold im Rhein und anderen Alpenflüssen. Gegenwärtig wird Gold hauptsächlich in Südafrika, Alaska, Kalifornien, Mexiko, Australien, in kleineren Mengen im Ural und in Siebenbürgen gewonnen.

Das **Platin.** Das weiße, glänzende Metall zeichnet sich durch hohen Schmelzpunkt und außerordentliche Beständigkeit aus; es wird nur von Königswasser und schmelzenden Hydroxyden des Kaliums und Natriums angegriffen. Es wird mittels des Knallgasgebläses geschmolzen und zu Schalen, Tiegeln, Blech und Draht geformt im chemischen Laboratorium verwendet. Sehr viel Platin verbraucht die Elektrotechnik und die Zahntechnik. Fein verteilt ist es schwarz und bildet den sogenannten Platinmohr. In dieser Form wirkt es infolge seiner großen Oberfläche gasabsorbierend und beschleunigt viele chemische Vorgänge zwischen Gasen (Katalysator). Es kommt in kleinen Körnern oder Flittern im angeschwemmten Sand im Ural, in Brasilien, Neugranada, Borneo vor. 90 % von allem gewonnenen Platin stammt aus Rußland.

Geschichtliches. Die am längsten bekannten Metalle sind Gold und Silber, welche schon in vorgeschichtlicher Zeit hochgeschätzt waren; das erklärt sich durch ihr gediegenes Vorkommen und ihre leichte Verarbeitung. Kupfer und Bronze gaben einer sehr alten Kulturstufe ihr Gepräge. Die Gewinnung und Bearbeitung des Eisens wurde erst nach der des Kupfers erfunden; doch war sie den Ägyptern bereits vor 5000 Jahren bekannt. Die alten Kulturvölker Asiens kannten außerdem noch Blei und Zinn. Die Metalle erregten die Aufmerksamkeit der ältesten Chemiker in besonders hohem Grade; lange glaubte man an die Möglichkeit, sie ineinander verwandeln zu können, und die Metallveredlung war Jahrhunderte hindurch die Hauptaufgabe der Chemie. Auch heute spielen die Metalle und ihre Verbindungen in der Technik die größte Rolle.

Übersichtstafel
der im Buche erwähnten Elemente.

Nichtmetalle.				Metalle.				
Durchsichtig bis undurchsichtig; schlechte Leiter für Wärme und Elektrizität; bilden mit O und H, teilweise mit H allein Säuren.				Undurchsichtig; gute Leiter; bilden in Lösung Kationen und mit OH Basen.				
Name	Zeichen	Atomgewicht	Wertigkeit	Zustand bei gew. Temp.	Name	Zeichen	Atomgewicht	Wertigkeit	Zustand bei gew. Temp.
---	---	---	---	---	---	---	---	---	---
Wasserstoff (Hydrogenium)	H	1	I	gasförm.	Natrium	Na	23	I	fest
Chlor	Cl	35,5	I	,,	Kalium	K	39	I	,,
Brom	Br	80	I	flüssig	Calcium	Ca	40	II	,,
Jod	J	127	I	fest	Baryum	Ba	137,4	II	,,
Sauerstoff (Oxygenium)	O	16	II	gasförm.	Magnesium	Mg	24,3	II	,,
					Zink	Zn	65,4	II	,,
Schwefel (Sulfur) .	S	32	II, IV,VI	fest	Aluminium	Al	27	III	,,
Stickstoff (Nitrogenium)	N	14	III,V	gasförm.	Eisen (Ferrum) . .	Fe	56	II, III	,,
					Nickel	Ni	58,7	II, III	,,
Argon	A	40	0	,,	Kupfer (Cuprum) .	Cu	63,6	II, I	,,
Phosphor	P	31	III, V	fest	Quecksilber (Hydrargyrum) . . .	Hg	200	II, I	flüssig
Arsen	As	75	III, V	,,	Blei (Plumbum) . .	Pb	207	II, IV	fest
Kohlenstoff (Carboneum).	C	12	IV	,,	Zinn (Stannum) . .	Sn	119	II, IV	,,
Silizium	Si	28	IV	,,	Antimon (Stibium) .	Sb	120	III, V	,,
					Silber (Argentum) .	Ag	108	I	,,
					Gold (Aurum) . . .	Au	197	III	,,
					Platin	Pt	195,2	IV	,,

Erklärung der fremdsprachlichen Ausdrücke.

Absorbieren, Absorption, *absorbére* (lat.) verschlucken.

Achat, nach dem *Achátes*, einem Fluß in Sizilien, an dessen Ufern die Alten den Stein zuerst fanden.

Aggregat, *aggregáre* (lat.) zusammenscharen.

Akkumulator, *accumuláre* (lat.) ansammeln.

Alabaster, *Alabástrum*, Stadt in Ägypten.

Aluminium, Alaun, *alúmen* (lat.) Alaun.

Alchimie, *al* (arab. Artikel), *chemi* alter Name Ägyptens, zugleich auch = schwarz.

Allotropie, *állos* (gr.) anderer, *trópos* (gr.) Wesen.

Alkohol, *alcool* (arab.) das Feine.

Amalgam, *amalós* (gr.) weich, *gámos* (gr.) Verbindung.

Amethyst, *améthystos* (gr.) dem Rausche widerstehend; er sollte vor Trunkenheit schützen.

amorph, *ámorphos* (gr.) gestaltlos.

Analyse, *análysis* (gr.) Auflösung.

Anode, *ánodos* (gr.) Aufgang, d. i. der Pol, von dem der Strom ausgeht.

Anthracit, *ánthrax* (gr.) Kohle.

Antiseptikum, *antí* (gr.) gegen, *sépsis* (gr.) Fäulnis.

Apatit, *apatáo* (gr.) ich täusche, weil leicht mit anderen Mineralien zu verwechseln.

äquivalent, *valére* (lat.) wert sein, *aéquus* (lat.) gleich.

Aragonit, nach einem Fundort in Aragonien.

Argon, *argós* (gr.) nicht wirkend.

Asbest, *ásbestos* (gr.) unverbrennlich.

Assimilation, *assimiláre* (lat.) ähnlich machen, d. h. Umwandlung der Nährstoffe in Bestandteile des Organismus.

Atmosphäre, *atmós* (gr.) Dampf, *sphaíra* (gr.) Kugel.

Atom, *átomos* (gr.) unzerschneidbar.

autogen, *autós* (gr.) selbst, *gennán* (gr.) erzeugen.

Baryum, *barýs* (gr.) schwer.

Base, *básis* (gr.) Grundlage.

Brikett, *brique* (frz.) Ziegelstein.

Brom, *brómos* (gr.) Gestank.

Bronze = Brünne (Panzer).

Carneol, *cárneus* (lat.) fleischartig.

Celluloid, *Zellulose* = Zellstoff, *eidés* (gr.) artig.

Chalkedon, Stadt in Kleinasien.

Chlor, *chlorós* (gr.) gelbgrün.

Cyan, *kýanos* (gr.) dunkelblau.

Desinfizieren, *desinfícere* (lat.) Ansteckung verhindern.

destillieren, *destilláre* (lat.) abtropfen.

Diamant, *adámas* (gr.) unbezwinglich.

Diastase, *diástasis* (gr.) Zersetzung.

diffundieren, Diffusion, *diffúndere* (lat.) verbreiten.

dimorph, *dímorphos* (gr.) zweigestaltig.

Dissoziation, *dissociáre* (lat.) trennen.

Dodekaeder, *dódeka* (gr.) zwölf, *hédra* (gr.) Fläche.

Dolomit, zu Ehren des franz. Geologen Dolomieu.

Dynamit, *dýnamis* (gr.) Kraft.

Elektrode, *élektron* (gr.) Bernstein, *hodós* (gr.) Weg.

Elektrolyse, *élektron* (gr.) wie ob. *lýo* (gr.) ich löse = ich zerlege.

Emulsion, *emulgére* (lat.) ausmelken.

Energie, *enérgeia* (gr.) Tatkraft.

Enzym, *énzymos* (gr.) gegoren.

Eruptivgestein, *erúmpere* (lat.) hervorbrechen.

Explosion, *explósio* (lat.) Ausdehnung, Zerknallung.

Exsiccator, *exsiccáre* (lat.) austrocknen.

Ferment, *fermentáre* (lat.) gären.

Flint, *flint* (engl.) Feuerstein.

Fluor, *flúere* (lat.) fließen.

fossil, *fóssilis* (lat.) ausgegraben.

Gas, von van Helmont im 17. Jahrhundert erfundenes Wort, abgel. von chaos = ungeordnete Masse.

Gelatine, *geláre* (lat.) gefrieren, erstarren.

Geologie, *géa* (gr.) Erde, *lógos* (gr.) Kunde.

Granit, *gránum* (lat.) Korn.

Graphit, *gráphein* (gr.) schreiben.

Guano, *huano* (peruan.) Vogeldünger.

Gur, aus dem Gestein wie durch Gärung entstanden.

Halogen, *hals* (gr.) Salz, *gennán* (gr.) erzeugen.

Heliotrop, *hélios* (gr.) Sonne, *trópos* (gr.) sich wendend.

Hexaeder, *hex* (gr.) sechs, *hédra* (gr.) Fläche.

hexagonal, *hex* (gr.) sechs, *góny* (gr.) Winkel.

Hydrargyrum, *hýdor* (gr.) Wasser, *árgyros* (gr.) Silber.

Hydrogenium, *hýdor* (gr.) Wasser, *gennán* (gr.) erzeugen.

hygroskopisch, *hygrós* (gr.) feucht, *skopeo* (gr.) ich beobachte.

Hypothese, *hypóthesis* (gr.) Annahme.

Industrie, *indústria* (lat.) Fleiß.

Ion, *ión* (gr.) wandernd.

isomorph, *ísos* (gr.) gleich, *morphé* (gr.) Gestalt.

Jaspis, *íaspis* (gr.) ein Edelstein.

Jod, *ioeidés* (gr.) veilchenblau.

Kalium, *al kali* (arab.) Pflanzenasche.

Kaolin, nach der chinesischen Halbinsel Kaoli.

Karat, *kirat* (arab.) Same des Johannisbrotes.

Karborund, aus *cárbo* (lat.) Kohle. — Korund (harter Stein).

Katalyse, *katálysis* (gr.) Auflösung, Beseitigung des Hindernisses.

Kathode, *káthodos* (gr.) Hinabweg, d. i. der Pol, zu dem der Strom zurückkehrt.

Kolloide, *cólla* (lat.) Leim, *eidés* (gr.) ähnlich.

kondensieren, *condensáre* (lat.) verdichten.

konstant, *cónstans* (lat.) beständig.

Kontakt, *contáctus* (lat.) Berührung.

Korund, altindischer Name für einen harten Stein.

Kristall, *krýstallos* (gr.) Eis (Bergkristall).

Laboratorium, *laboráre* (lat.) arbeiten.

Lackmus, *lácca músci* (lat.) Mooslack.

Legierung, *ligáre* (lat.) binden.

Limonade, *limone* (ital.) Zitrone.

Lithographie, *líthos* (gr.) Stein, *grápho* (gr.) ich schreibe.

Magnesia, Landschaft in Thessalien.

Malachit, *maláche* (gr.) Malve.

Mennige, *mínium* (lat.) Zinnober.

Messing, *möschen* = mischen.

Meteor, *metéoros* (gr.) in der Luft schwebend.

Mineral, *minerális* (lat.) zum Bergwerk gehörig.

Minette, *minette* (frz.) kleines, d. h. minderwertiges Erz.

Molekel, *molécula* (lat.) kleine Masse.

mono, *mónos* (gr.) einzig.

Nascierend, *násci* (lat.) entstehen.

Naphtha, *náphtha* (gr.) leicht entzündliches Bergöl.

Natrium, *neter* (hebräisch) Soda.

neutral, *neúter* (lat.) keiner von beiden.

Nitrogenium, *nítrum* (lat.) Salpeter, *gennán* (gr.) erzeugen.

Ocker, *ochrá* (gr.) gelbe Erdfarbe.

Oktaeder, *októ* (gr.) acht, *hédra* (gr.) Fläche.

Onyx, *ónyx* (gr.) Nagel, ein streifiger Stein, vielleicht v. ungeputzten Fingernagel.

Opal, *opállios*, (gr.) Edelstein mit wechselndem Farbenspiel.

Oxygenium, *oxýs* (gr.) sauer, *gennán* (gr.) erzeugen.

Ozon, *ózein* (gr.) riechen.

Paraffin, *párum affínis* (lat.) wenig verwandt.

Penta, *pénte* (gr.) fünf.

Pentagondodekaeder, *pentágonos* (gr.) fünfwinklig, *dódeka* (gr.) zwölf, *hédra* (gr.) Fläche.

Petroleum, *pétros* (gr.) Fels, *óleum* (lat.) Öl.

Phosphor, *phos* (gr.) Licht, *phóros* (gr.) tragend.

Platin, *plata* (span.) Silber.

Plumbum (lat.) Blei.

pneumatisch, *pnéuma* (gr.) Luft.

Porzellan, *porcellana* (ital.) Muschel, die dem Porzellan sehr ähnlich sieht.
Pottasche, *pot* (frz.) Topf.
Ptyalin, *ptýalon* (gr.) Speichel.

Reaktion, *reáctio* (lat.) Gegenwirkung.
Rhomboeder, *rhómbos* (gr.) Raute, *hédra* (gr.) Fläche.
Rubin, *rúber* (lat.) rot.

Salmiak, *sal* (lat.) Salz, *ammoníacum* = aus der Oase des Jupiter Ammon.
Salpeter, *sal* (lat.) Salz, *pétros* (gr.) Fels.
Saphir, *sáppheiros* (gr.) Edelstein.
Sediment, *sediméntum* (lat.) Bodensatz.
Silizium, *sílex* (lat.) Kiesel.
Soda, *sálsola* (lat.) Salzkraut. *sosa* (span.) = Salzkraut
Spiritus (lat.) Geist.
Stalagmiten, *stálagma* (gr.) der (abgefallene) Tropfen (von unten emporwachsende Tropfsteine).

Stalaktiten, *stalactós* (gr.) tröpfelnd (hängende Tropfsteine).
Stanniol, *stánnum* (lat.) Zinn, folium (lat.) Blatt.
Struktur, *structúra* (lat.) Gefüge.
Sublimat, *sublímis* (lat.) erhaben, hoch.
Substitution, *substitúere* (lat.) ersetzen.
Suspension, *suspéndere* (lat.) schweben.
Synthese, *sýnthesis* (gr.) Zusammensetzung.

Technik, *téchne* (gr.) Kunst, Gewerbe.
Theorie, *theoría* (gr.) Betrachtung.

Valenz, *valére* (lat.) gelten.
Vitriol, *vítrum* (lat.) Glas, *vitréolus* (lat.) gläsern.
Volumen (lat.) Rauminhalt.

Zement, *caeméntum* (lat.) Bruchstein.
Zinnober, *kinnábari* (gr.) rotes Quecksilbererz.
Zymase, *zýme* (gr.) Sauerteig.

Namen- und Sachverzeichnis.

Empfehlenswerte Bücher für das Weiterstudium.

Scheid, Chemisches Experimentierbuch, B. G. Teubner.
Wunder, Chemische Plaudereien für die Jugend, B. G. Teubner.
Stöckhardt, Die Schule der Chemie, Vieweg u. Sohn.
Haase, Lötrohrpraktikum, einfach, für jeden Schüler verständlich.
Faraday, Naturgeschichte einer Kerze, Reclams Universalbibliothek Nr. 6019.
Lassar Cohn, Die Chemie im täglichen Leben, Leop. Voss.
P. Wagner, Lehrbuch der Geologie und Mineralogie, B. G. Teubner.
Remy, Chemisches Wörterbuch (Teubners kleine Fachwörterbücher, Bd. 10/11).